2018
中国生态环境质量报告

中华人民共和国生态环境部　编

中国环境出版集团·北京

图书在版编目（CIP）数据

2018 中国生态环境质量报告/中华人民共和国生态
环境部编. —北京：中国环境出版集团，2019.7
ISBN 978-7-5111-4065-4

Ⅰ. ①2… Ⅱ. ①中… Ⅲ. ①环境质量—研究
报告—中国—2018 Ⅳ. ①X821.209

中国版本图书馆 CIP 数据核字（2019）第 168640 号

审图号：GS（2019）4365 号

出 版 人　武德凯
责任编辑　董蓓蓓
责任校对　任　丽
封面设计　彭　杉

出版发行　中国环境出版集团
　　　　　（100062　北京市东城区广渠门内大街 16 号）
　　　　　网　　址：http://www.cesp.com.cn
　　　　　电子邮箱：bjgl@cesp.com.cn
　　　　　联系电话：010-67112765（编辑管理部）
　　　　　发行热线：010-67125803，010-67113405（传真）
印　　刷　北京市联华印刷厂
经　　销　各地新华书店
版　　次　2019 年 7 月第 1 版
印　　次　2019 年 7 月第 1 次印刷
开　　本　787×1092　1/16
印　　张　14.75
字　　数　310 千字
定　　价　72.00 元

《2018中国生态环境质量报告》编委会

（其他部委）

李长青　（自然资源部地质勘查管理司）

段恒轶　（水利部水文司）

闫　成　（农业农村部科技教育司）

（地方（生态）环境监测中心/站　以行政区划代码为序）

张　健　（北京市环境保护监测中心）

徐　虹　（天津市生态环境监测中心）

张　玮　（河北省环境监测中心）

沙雪梅　（山西省生态环境监测中心）

岳彩英　（内蒙古自治区环境监测中心站）

李延东　（辽宁省生态环境监测中心）

杨成江　（吉林省环境监测中心站）

李　博　（黑龙江省环境监测中心站）

王丽娜　（黑龙江省环境监测中心站）

黄嫣旻　（上海市环境监测中心）

张倩玲　（江苏省环境监测中心）

张　璘　（江苏省环境监测中心）

林　广　（浙江省环境监测中心）

王　欢　（安徽省环境监测中心站）

董　昊　（安徽省环境监测中心站）

陈文花　（福建省环境监测中心站）

胡悦之　（江西省环境监测中心站）

曹　侃　（江西省环境监测中心站）

金玲仁　（山东省生态环境监测中心）

孔海燕　（河南省环境监测中心）

王瑞妮　（湖北省环境监测中心站）

邹　辉　（湖南省环境监测中心站）

严惠华　（广东省环境监测中心）

杨海菊　（广西壮族自治区环境监测中心站）

黄文静　（海南省环境监测中心站）

蔡　宇　（重庆市生态环境监测中心）

周　淼　（四川省生态环境监测总站）

夏　春　（贵州省环境监测中心站）

王　健　（云南省环境监测中心站）

陈　歆　（西藏自治区环境监测中心站）

廖慧彬　（陕西省环境监测中心站）

常　毅　（甘肃省环境监测中心站）

王　娜　（青海省生态环境监测中心）

赵　倩　（宁夏回族自治区生态环境监测中心）

郭宇宏　（新疆维吾尔自治区环境监测总站）

孙宇颖　（新疆生产建设兵团环境监测中心站）

徐茗荟　（环境保护部辐射环境监测技术中心）

赵加正　（芜湖市生态环境局）

徐　洁　（辽宁省大连生态环境监测中心）

黄子璐　（江苏省泰州环境监测中心）

徐国津　（宁波市环境监测中心）

主 编 单 位　　中国环境监测总站

参加编写单位　　自然资源部地质勘查管理司

　　　　　　　　水利部水文司

　　　　　　　　农业农村部科技教育司

　　　　　　　　生态环境部卫星环境应用中心

　　　　　　　　生态环境部南京环境科学研究所

　　　　　　　　国家海洋环境监测中心

　　　　　　　　环境保护部辐射环境监测技术中心

资料提供单位　　各省（区、市）（生态）环境监测中心（站）

　　　　　　　　各省辖市（地区、州、盟）（生态）环境监测中心站

前　言

《2018 中国生态环境质量报告》以国家环境监测网生态环境质量监测数据为主，同时吸收相关部委环境状况内容，对 2018 年全国生态环境质量进行了全面梳理和分析，总结了我国生态环境质量总体情况和主要问题。

本报告中生态环境质量监测范围包括：338 个地级及以上城市（含直辖市、地级市、地区、自治州和盟，下同）的 1 436 个城市环境空气质量监测点位，338 个地级及以上城市和部分县级城市约 1 000 个降水监测点位，978 条河流和 112 座湖库的 1 940 个地表水水质评价、考核、排名断面（点位），195 个入海控制断面（其中 85 个同时为评价、考核、排名断面），338 个地级及以上城市集中式饮用水水源约 900 个监测断面（点位），1 649 个海水质量监测点位，338 个地级及以上城市约 80 000 个城市声环境监测点位，31 个省份的 2 591 个生态环境状况监测县域、402 个必测和 1 744 个选测的农村环境质量监测村庄，1 410 个环境电离辐射监测点位和 44 个环境电磁辐射监测点位。

卫星遥感监测内容包括全国沙尘监测、全国秸秆焚烧火点监测、重点地区细颗粒物监测、湖库水华遥感监测、全国农业面源污染监测评估、国家级自然保护区人类活动变化监测、重点区域河流干涸断流监测、城市黑臭水体监测、黄海南部海域绿藻潮监测、国家重点生态功能区无人机监测、典型区未利用地土壤污染风险源监测和典型区非正规垃圾堆放点监测。

10 168 个国家级地下水监测点水质部分由自然资源部提供，省界水体水质、2 833 处地下水监测井水质部分内容由水利部提供，内陆渔业水域水质、海洋渔业水域水质、农业面源由农业农村部提供。

本报告中监测数据除特殊说明外，均未包括香港特别行政区、澳门特别行政区和台湾省数据。

目　录

第一篇　监测概况和评价方法

1.1 空气 3

1.2 降水 9

1.3 淡水 10

1.4 海洋 18

1.5 声环境 26

1.6 生态 29

1.7 农村 35

1.8 辐射 36

1.9 气候变化 37

1.10　污染源 38

第二篇　生态环境质量状况

2.1 空气 43

2.2 降水 94

2.3 淡水 101

2.4 海洋 141

2.5 声环境 161

2.6 生态 171

2.7 农村 188

2.8 辐射 196

2.9 气候变化 204

2.10 污染源 204

第三篇 总 结

3.1 基本结论 209

3.2 主要环境问题 211

3.3 对策建议 212

附表 214

第一篇

监测概况和评价方法

1.1 空气

1.1.1 监测情况

1.1.1.1 地级及以上城市环境空气

2018 年，依托国家环境空气质量监测网（包括 338 个地级及以上城市 1 436 个环境空气质量监测国控点位）开展城市环境空气质量监测。监测指标为二氧化硫（SO_2）、二氧化氮（NO_2）、可吸入颗粒物（PM_{10}）、细颗粒物（$PM_{2.5}$）、一氧化碳（CO）和臭氧（O_3）等六项污染物。监测方法为 24 h 连续自动监测。

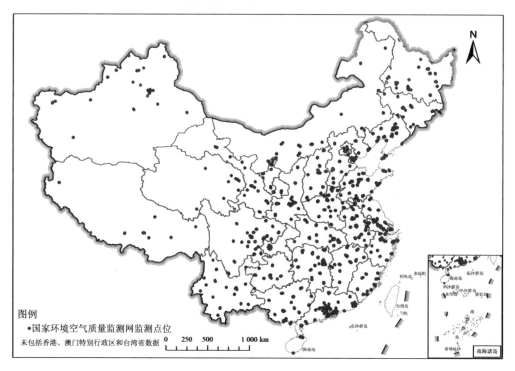

图例
• 国家环境空气质量监测网监测点位
未包括香港、澳门特别行政区和台湾省数据

图 1.1-1 国家环境空气质量监测网点位分布

1.1.1.2 背景站和区域站

2018 年，全国 15 个国家背景环境空气质量监测站（以下简称背景站）开展环境空气质量背景监测，监测指标为 SO_2、NO_2、PM_{10}、$PM_{2.5}$、CO 和 O_3。其中，9 个背景站开展温室气体监测，监测指标为二氧化碳（CO_2）、甲烷（CH_4）和一氧化二氮（N_2O）。监测方法为 24 h 连续自动监测。

表 1.1-1　国家背景环境空气质量监测站清单

序号	背景站	监测指标
1	山西庞泉沟站	SO_2、NO_2、PM_{10}、$PM_{2.5}$、CO、O_3 CO_2、CH_4、N_2O
2	内蒙古呼伦贝尔站	
3	福建武夷山站	
4	山东长岛站	
5	湖北神农架站	
6	广东南岭站	
7	四川海螺沟站	
8	云南丽江站	
9	青海门源站	
10	吉林长白山站	SO_2、NO_2、PM_{10}、$PM_{2.5}$、CO、O_3
11	湖南衡山站	
12	海南五指山站	
13	海南西沙永兴岛站	
14	西藏纳木错站	
15	新疆喀纳斯站	

全国 92 个区域（农村）环境空气质量监测站（以下简称区域站）开展环境空气质量监测，其中 31 个可比区域站监测指标为 SO_2、NO_2 和 PM_{10}，其他 61 个区域站监测指标为 SO_2、NO_2、PM_{10}、$PM_{2.5}$、CO 和 O_3。监测方法为 24 h 连续自动监测。

1.1.1.3　沙尘

2018 年，全国沙尘遥感监测采用 TERRA 和 AQUA 卫星搭载的 MODIS 传感器数据（以下简称 MODIS 数据）。卫星数据空间分辨率为 250 m～1 km，传感器覆盖紫外、可见、红外等谱段，光谱范围为 0.4～14 μm。监测数据空间分辨率为 1 km，监测频次为 2 次/d。

沙尘天气影响城市环境空气质量监测网的 78 个监测站开展沙尘天气监测。监测指标为总悬浮颗粒物（TSP）和 PM_{10}。沙尘天气发生期间，向中国环境监测总站传输沙尘监测的小时数据或日报数据。大范围沙尘天气发生时，国家环境空气质量监测网作为沙尘监测网的补充，共同反映沙尘天气对城市环境空气质量的影响。监测方法为 24 h 连续自动监测。

1.1.1.4　降尘

根据《"2+26"城市县（市、区）环境空气降尘监测方案》（环办监测〔2017〕46 号），自 2017 年 6 月起，在"2+26"城市全面开展降尘监测工作。降尘监测采用手工监测方法，依据《环境空气　降尘的测定　重量法》（GB/T 15265—1994）进行，监测频次为 1 次/月。

1.1.1.5　重点地区细颗粒物卫星遥感监测

2018 年，京津冀及周边区域"2+26"城市、长三角地区、汾渭平原和珠三角地区四个重点区域的 $PM_{2.5}$ 遥感监测依据《细颗粒物卫星遥感监测技术指南》，采用 MODIS 数据对 $PM_{2.5}$ 浓度超标和变化情况进行遥感监测分析。监测数据空间分辨率为 1 km，监测频次为 2 次/d。

1.1.1.6　京津冀及周边区域颗粒物组分网

（1）手工监测

2018 年，京津冀及周边区域"2+26"城市、雄安新区、秦皇岛、张家口共计 31 个城市开展了 $PM_{2.5}$ 组分手工监测，监测点位 38 个（北京 5 个、天津 4 个，其他每个城市 1 个）。监测指标 36 项：①$PM_{2.5}$ 质量浓度；②水溶性离子：硫酸根离子（SO_4^{2-}）、硝酸根离子（NO_3^-）、氟离子（F^-）、氯离子（Cl^-）、钠离子（Na^+）、铵根离子（NH_4^+）、钾离子（K^+）、镁离子（Mg^{2+}）、钙离子（Ca^{2+}）等 9 种离子；③无机元素：钒（V）、铁（Fe）、锌（Zn）、镉（Cd）、铬（Cr）、钴（Co）、砷（As）、铝（Al）、锡（Sn）、锰（Mn）、镍（Ni）、硒（Se）、硅（Si）、钛（Ti）、钡（Ba）、铜（Cu）、铅（Pb）、钙（Ca）、镁（Mg）、钠（Na）、硫（S）、氯（Cl）、钾（K）、锑（Sb）等 24 种元素；④碳组分：元素碳（EC）、有机碳（OC）。

监测频次 1—4 月为 1 次/d，5—10 月为 1 次/5 d，11—12 月为 1 次/d。手工监测由中国环境监测总站委托社会化检测机构开展采样及测试工作，相关机构根据统一的监测方法及质控要求开展监测。

表 1.1-2　京津冀及周边区域颗粒物组分网手工监测方法依据

分析项目	方法	方法依据
$PM_{2.5}$ 质量浓度	重量法	《环境空气 PM_{10} 和 $PM_{2.5}$ 的测定　重量法》（HJ 618—2011）
阳离子	离子色谱法	《环境空气　颗粒物中水溶性阳离子（Li^+、Na^+、NH_4^+、K^+、Ca^{2+}、Mg^{2+}）的测定　离子色谱法》（HJ 800—2016）
阴离子	离子色谱法	《环境空气　颗粒物中水溶性阴离子（F^-、Cl^-、Br^-、NO_2^-、NO_3^-、PO_4^{3-}、SO_3^{2-}、SO_4^{2-}）的测定　离子色谱法》（HJ 799—2016）
碳组分	热光法	《环境空气颗粒物源解析监测技术方法指南（试行）》（第二版）
无机元素	X 射线荧光光谱法	《环境空气　颗粒物中无机元素的测定　波长色散 X 射线荧光光谱法》（HJ 830—2017）、《环境空气　颗粒物中无机元素的测定　能量色散 X 射线荧光光谱法》（HJ 829—2017）

（2）自动监测

2018 年，京津冀及周边区域"2+26"城市、雄安新区、秦皇岛、张家口及汾渭平原的西安、运城、临汾、洛阳共计 35 个城市开展了 $PM_{2.5}$ 组分自动监测，监测点位 42 个（北京 5 个、天津 4 个，其他每个城市 1 个）。2018 年 8 月上述自动站点完成建设联网，本书未对 2018 年监测结果进行统计评价。

北京、天津、石家庄、雄安新区、济南、郑州、太原为高配站点，配置了在线离子色谱仪、在线无机元素分析仪、在线碳组分分析仪、单颗粒质谱仪、气溶胶激光雷达等 5 类监测设备，其他站点为基础配置站点，配置了在线离子色谱仪、在线碳组分分析仪、气溶胶激光雷达等 3 类监测设备。自动监测至少每小时出具一组监测数据，数据通过 VPN 传输至中国环境监测总站的国家大气颗粒物组分监测平台。除北京 4 个远郊站点为北京市环境保护监测站运行外，其他站点的自动监测以中国环境监测总站向社会化运维机构采购服务的形式开展。大气颗粒物组分自动监测尚未形成统一的标准监测方法，相关机构根据中国环境监测总站的统一运维及质控要求开展监测工作。

表 1.1-3　京津冀及周边区域颗粒物组分网自动监测设备及监测指标

类型	设备类型	具体项目
必测	在线离子色谱仪	硫酸根离子（SO_4^{2-}）、硝酸根离子（NO_3^-）、氟离子（F^-）、氯离子（Cl^-）、钠离子（Na^+）、铵根离子（NH_4^+）、钾离子（K^+）、镁离子（Mg^{2+}）、钙离子（Ca^{2+}）等 9 种离子
	在线无机元素分析仪	钒（V）、铁（Fe）、锌（Zn）、镉（Cd）、铬（Cr）、钴（Co）、砷（As）、铝（Al）、锡（Sn）、锰（Mn）、镍（Ni）、硒（Se）、硅（Si）、钛（Ti）、钡（Ba）、铜（Cu）、铅（Pb）、钙（Ca）、镁（Mg）、钠（Na）、硫（S）、氯（Cl）、钾（K）、锑（Sb）等 24 种元素
	在线碳组分分析仪	元素碳（EC）、有机碳（OC）
选测	单颗粒质谱仪	多种组分数浓度、实时污染来源解析结果
	气溶胶激光雷达	消光系数及退偏振比产品等

1.1.1.7　京津冀及周边区域光化学网

2018 年，在北京、天津、石家庄、济南、太原、雄安、郑州 7 个站点开展光化学网监测工作，监测方式包括手工监测和自动监测。手工监测时间段为 2018 年 4 月 1 日—9 月 30 日，共计 183 天，采样频次 1 次/d，共计获取 1 281 组数据。自动监测时间段为 2018 年 9—12 月，共计 122 天，2018 年为试运行，本书未对 2018 年监测结果进行统计评价。

表 1.1-4　京津冀及周边区域光化学网监测点位

序号	城市名称	采样点位
1	北京	北京市朝阳区安外大羊坊 8 号院（乙）中国环境监测总站 9 楼楼顶
2	济南	济南市历下区山大路 183 号济南市环境监测中心站顶层
3	石家庄	河北经贸大学校内
4	天津	天津市河北区中山北路 1 号北宁公园北宁文化创意中心地面
5	太原	太原市晋源区景明南路 9 号太原市环保局晋源分局 4 楼楼顶
6	雄安	河北省保定市安新县育才路白洋淀文化广场
7	郑州	郑州四十七中楼顶

光化学监测主要依据《环境空气质量手工监测技术规范》（HJ/T 194—2005）、《环境空气　挥发性有机物的测定　罐采样/气相色谱-质谱法》（HJ 759—2015）、《环境空气挥发性有机物气相色谱连续监测系统技术要求及检测方法》（HJ 1010—2018）等相关标准要求。监测项目包括光化学反应活性较强或可能影响人类健康的 VOCs，包括烷烃、烯烃、芳香烃、含氧挥发性有机物（OVOCs）、卤代烃等，共计 117 种物质。手工监测项目为 117 种物质，自动监测项目为除甲醛外的其他 116 种物质。

1.1.1.8　秸秆焚烧火点

2018 年，全国秸秆焚烧火点分布遥感监测依据《卫星遥感秸秆焚烧监测技术规范》（HJ 1008—2018），采用 MODIS 数据，监测数据空间分辨率为 1 km，监测频次为 2 次/d。

1.1.2　评价方法和依据标准

1.1.2.1　地级及以上城市环境空气

城市环境空气质量评价依据《环境空气质量标准》（GB 3095—2012）、《环境空气质量评价技术规范（试行）》（HJ 663—2013）、《环境空气质量指数（AQI）技术规定（试行）》和《受沙尘天气过程影响城市空气质量评价补充规定》（环办监测〔2016〕120 号）；达标情况评价指标为 SO_2、NO_2、PM_{10}、$PM_{2.5}$、CO 和 O_3，6 项污染物全部达标为城市环境空气质量达标。空气质量综合指数计算依据《城市环境空气质量排名技术规定》（环办监测〔2018〕19 号）。

按照《环境空气质量标准》（GB 3095—2012）修改单（生态环境部公告 2018 年第 29 号）要求，自 2018 年 9 月 1 日起，国家城市站 1 436 个点位气态污染物按照参比状态（25℃、1 个标准大气压）、颗粒物按照实际监测时的大气温度和压力开展监测。为保证全年评价结果一致，2018 年城市环境空气质量评价数据均采用标况数据。

SO_2、NO_2、PM_{10} 和 $PM_{2.5}$ 年度达标情况由该项污染物年均值对照《环境空气质量标准》（GB 3095—2012）中年平均标准确定；CO 年度达标情况由 CO 日均值第 95 百分位数浓度对照 24 h 平均标准确定；O_3 年度达标情况由 O_3 日最大 8 h 平均值第 90 百分位数浓度对照 8 h 平均标准确定。达到或好于环境空气质量二级标准为达标，超过二级标准为超标。

表 1.1-5 《环境空气质量标准》（GB 3095—2012）部分污染物浓度限值

污染物	取值时间	浓度单位	浓度限值	
			一级标准	二级标准
二氧化硫（SO_2）	年平均	$\mu g/m^3$	20	60
二氧化氮（NO_2）	年平均	$\mu g/m^3$	40	40
可吸入颗粒物（PM_{10}）	年平均	$\mu g/m^3$	40	70
细颗粒物（$PM_{2.5}$）	年平均	$\mu g/m^3$	15	35
一氧化碳（CO）	24 h 平均	mg/m^3	4.0	4.0
臭氧（O_3）	8 h 平均	$\mu g/m^3$	100	160

1.1.2.2 背景站和区域站

依据《环境空气质量标准》（GB 3095—2012）和《环境空气质量评价技术规范》（试行）（HJ 663—2013），分别对 SO_2、NO_2、PM_{10} 和 $PM_{2.5}$ 四项污染物年均值，CO 日均值第 95 百分位数浓度及 O_3 日最大 8 h 平均值第 90 百分位数浓度的达标情况进行评价。背景站因污染物浓度较低，仪器为痕量级设备，除 CO 保留 3 位小数外，其他污染物浓度保留 1 位小数。

15 个背景站的平均值代表背景地区污染物浓度水平，92 个区域站的平均值代表区域地区污染物浓度水平，338 个地级及以上城市平均值代表全国城市污染物浓度水平。

1.1.2.3 沙尘

全国沙尘卫星遥感监测依据《沙尘天气分级技术规定（试行）》（总站生字〔2004〕31号）、《沙尘暴天气预警》（GB/T 28593—2012）、《卫星遥感沙尘暴天气监测技术导则》（QX/T 141—2011）、《沙尘暴观测数据归档格式》（QX/T 134—2011）、《沙尘暴天气监测规范》（GB/T 20479—2006）和《沙尘暴天气等级》（GB/T 20480—2006）等标准。基于沙尘气溶胶光谱辐射特性和卫星遥感监测原理，采用热红外双通道差值方法对沙尘分布及强度进行监测，评价指标为沙尘分布面积和等级。

2018 年，沙尘天气发生期间空气中颗粒物污染状况评价依据《沙尘天气分级技术规定（试行）》（总站生字〔2004〕31 号），同时参考《沙尘暴天气预警》（GB/T 28593—2012）、

《卫星遥感沙尘暴天气监测技术导则》（QX/T 141—2011）、《沙尘暴观测数据归档格式》（QX/T 134—2011）、《沙尘暴天气监测规范》（GB/T 20479—2006）、《沙尘暴天气等级》（GB/T 20480—2006）和《受沙尘天气过程影响城市空气质量评价补充规定》（环办监测〔2016〕120 号）等标准。

1.1.2.4　重点地区细颗粒物卫星遥感监测

重点地区细颗粒物卫星遥感监测评价依据《环境空气质量标准》（GB 3095—2012），利用地理加权方法从卫星遥感气溶胶光学厚度中反演获取近地面 $PM_{2.5}$ 浓度，评价指标为 $PM_{2.5}$ 年均浓度超标面积、超标面积比例和 $PM_{2.5}$ 年均浓度变化（上升或下降）面积比例等。其中 $PM_{2.5}$ 年均浓度超标面积为卫星遥感监测 $PM_{2.5}$ 年均浓度大于年平均二级浓度限值（35 $\mu g/m^3$）的所有象元面积之和，超标面积比例为 $PM_{2.5}$ 年均浓度超标面积占目标行政区划总面积的百分比，$PM_{2.5}$ 年均浓度变化面积（上升或下降）比例为 $PM_{2.5}$ 年均浓度较上年上升或下降的所有象元面积之和占目标行政区划总面积的百分比。

1.1.2.5　京津冀及周边区域光化学网监测

VOCs 的大气反应活性是指 VOCs 中的组分参与大气化学反应的能力，大气 VOCs 的种类繁多，各物种化学结构迥异，参与大气化学反应的活性差异也非常大，可以有多种方式评价大气 VOCs 中不同物种的化学反应活性，如 OH 自由基反应活性（L_{OH}）、臭氧生成潜势（Ozone Formation Potential，OFP）、等效丙烯浓度等，这些物种参与大气化学反应的能力各异，从而生成臭氧的潜势也不尽相同。目前常用 VOCs 的臭氧生成潜势 OFP 和 L_{OH} 两种方法定量估算各类 VOCs 物种对臭氧生成的相对贡献。

OFP 为某 VOCs 化合物环境浓度与该 VOCs 的 MIR（Maximum Incremental Reactivity）系数的乘积，不仅考虑了不同 VOCs 的动力学活性，还考虑了不同 VOCs/NO_x 比例下同一种 VOCs 对臭氧生成的贡献不同，即考虑了激励活性。计算公式为

$$OFP_i = MIR_i \times [VOC]_i$$

式中，$[VOC]_i$——实际观测中的某 VOC 大气环境浓度，$\mu g/m^3$；
　　　MIR_i——某 VOCs 化合物在臭氧最大增量反应中的臭氧生成系数。

1.2　降水

1.2.1　监测情况

2018 年，全国有 471 个城市（区、县）报送了降水监测数据，包括降水量、pH 值、

电导率；其中 392 个城市开展硫酸根（SO_4^{2-}）、硝酸根（NO_3^-）、氟离子（F^-）、氯离子（Cl^-）、铵离子（NH_4^+）、钙离子（Ca^{2+}）、镁离子（Mg^{2+}）、钠离子（Na^+）和钾离子（K^+）等 9 种离子成分监测。

1.2.2　评价方法和依据标准

采用降水 pH 值低于 5.6 作为酸雨判据，降水 pH 值低于 5.6 为酸雨，pH 值低于 5.0 为较重酸雨，pH 值低于 4.5 为重酸雨。采用降水 pH 年均值和酸雨出现的频率评价酸雨状况。酸雨城市指降水 pH 年均值低于 5.6 的城市，较重酸雨城市指降水 pH 年均值低于 5.0 的城市，重酸雨城市指降水 pH 年均值低于 4.5 的城市。

1.3　淡水

1.3.1　监测情况

1.3.1.1　地表水

2018 年，地表水按照《"十三五"国家地表水环境质量监测网设置方案》（环监测〔2016〕30 号）建立的国家地表水环境质量监测网开展月水质监测。范围覆盖全国主要河流干流及重要的一级、二级支流，兼顾重点区域的三级、四级支流，重点湖泊、水库等。其中，评价、考核、排名断面（点位）共 1 940 个（简称国考断面），包括长江、黄河、珠江、松花江、淮河、海河和辽河七大流域及浙闽片河流、西北诸河、西南诸河，太湖、滇池和巢湖环湖河流等共 978 条河流的 1 698 个断面；太湖、滇池、巢湖等 112 个（座）重点湖库的 242 个点位（60 个湖泊 173 个点位，52 座水库 69 个点位）。

全年实际开展监测的断面 1 935 个，其他 5 个断面因断流、交通阻断等原因未开展监测；实际开展监测的湖库 111 个，升金湖因交通阻断未开展监测。

监测指标为《地表水环境质量标准》（GB 3838—2002）表 1 规定的 24 项。河流增测电导率和流量，湖库增测透明度、叶绿素 a 和水位等指标。

1.3.1.2　集中式饮用水水源

2018 年，按照《全国集中式生活饮用水水源地水质监测实施方案》（环办函〔2012〕1266 号）的相关要求，对全国 31 个省份的 337[①]个地级及以上城市 906 个在用集中式生活

---

① 黑龙江省鸡西市原在用水源因规划调整，变更为备用水源，新水源于 2018 年年底得到政府批复，未纳入 2018 年度地级及以上城市水源地监测清单。

饮用水水源地开展水质常规监测，每个水源地布设 1 个监测断面（点位），每月上旬采样监测 1 次。

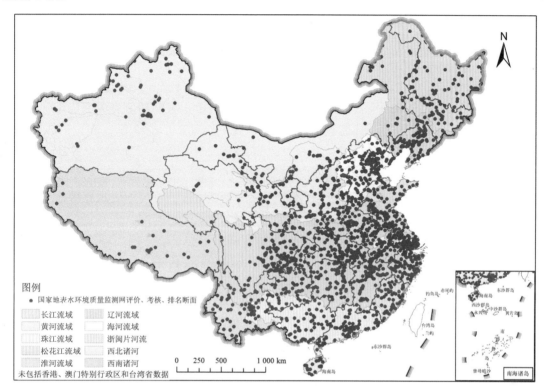

图 1.3-1　国家地表水环境质量监测网断面（点位）分布

地表水水源地每月监测《地表水环境质量标准》（GB 3838—2002）表 1 的基本指标（23 项，化学需氧量除外）、表 2 的补充指标（5 项）和表 3 的优选特定指标（33 项）共 61 项指标，并统计取水量；地下水水源地每月监测《地下水质量标准》（GB/T 14848—1993）中的 23 项（见环函〔2005〕47 号），并统计取水量。

1.3.1.3　水生生物

2018 年，中国环境监测总站组织黑龙江、吉林和内蒙古的 13 个环境监测站，在松花江流域 57 个断面（共 72 个采样点位）开展水生生物监测，包括生境调查、生物群落监测。其中，生境调查包括水质感官状况、河流/湖库栖境、人为干扰和自然因素；生物群落监测包括着生藻类、浮游植物和底栖动物的群落结构与种类组成。监测时间与频次按水期选定，生物群落监测于每年 6 月和 9 月各采样 1 次。

1.3.1.4　省界水体

2018 年，水利部组织对全国 544 个重要省界断面进行了水质监测。监测指标包括《地表水环境质量标准》（GB 3838—2002）表 1 中 24 项基本指标。90%以上断面每月至少监测 1 次，其他断面根据实际情况每年监测 6 次或 2 次。

1.3.1.5 蓝藻水华

（1）"三湖一库"

监测范围包括"三湖"湖体、太湖饮用水水源地和三峡库区 38 条长江主要支流。其中，太湖湖体监测点位 20 个，饮用水水源地监测点位 3 个；巢湖湖体监测点位 12 个，其中东、西半湖各 6 个；滇池湖体监测点位 10 个，其中外海 8 个、草海 2 个；三峡库区长江主要支流监测断面 77 个。

"三湖"湖体监测水温、透明度、pH 值、溶解氧、氨氮、高锰酸盐指数、总氮、总磷、叶绿素 a 和藻类密度（鉴别优势种）。三峡库区长江主要支流监测《地表水环境质量标准》（GB 3838—2002）表 1 的基本项目（24 项）以及叶绿素 a、透明度、悬浮物、硝酸盐氮、亚硝酸盐氮、电导率、流速和藻类密度（鉴别优势种）。

太湖监测时间为 2018 年 4 月 1 日—10 月 31 日，3 个饮用水水源地点位和 20 个湖体点位监测频次为 1 次/d；巢湖监测时间为 2018 年 4 月 1 日—10 月 31 日，12 个湖体点位监测频次为 1 次/周；滇池监测时间为 2018 年 4 月 1 日—10 月 31 日，10 个湖体点位监测频次为 1 次/周；三峡库区长江主要支流断面监测频次为 1 次/月。

2018 年，太湖、巢湖全年水华遥感监测采用 MODIS 数据，卫星数据空间分辨率为 250 m～1 km，传感器覆盖紫外、可见、红外等谱段，光谱范围为 0.4～14 μm；监测数据空间分辨率为 250 m，监测频次为 1 次/d。滇池全年水华遥感监测采用高分一号卫星搭载的宽视场相机数据（以下简称 GF1-WFV 数据），卫星数据空间分辨率为 16 m，传感器覆盖可见、近红外等谱段，监测频次为 2～3 次/周。

（2）其他湖库

2018 年，鄱阳湖、洞庭湖（4—10 月）水华遥感监测采用 MODIS 数据，卫星数据空间分辨率为 250 m ～1 km，传感器覆盖紫外、可见、红外等谱段，光谱范围为 0.4～14 μm；监测数据空间分辨率为 250 m，监测频次为 1 次/d。洱海、于桥水库、乌梁素海（4—10月）和兴凯湖（6—9 月）水华遥感监测采用 GF1-WFV 数据，卫星数据空间分辨率为 16 m，传感器覆盖可见、近红外等谱段，监测频次为 1 次/周。

1.3.1.6 地下水

2018 年，自然资源部对国家地下水监测工程建设的 10 168 个地下水监测站点开展了水质监测。

水利部各流域机构对全国 2 833 口地下水监测井实施了水质监测，监测层位以浅层地下水为主。

1.3.1.7　内陆渔业水域水质

2018 年，按照《渔业生态环境监测规范》（SC/T 9102—2007），全国渔业生态环境监测网对黑龙江流域、黄河流域、长江流域、珠江流域的 122 个重要鱼、虾类的产卵场、索饵场、洄游通道、增养殖区、水生生物自然保护区、水产种质资源保护区等重要渔业水域水质状况进行了监测，监测水域总面积 564.4 万 hm^2。

1.3.2　评价方法和依据标准

1.3.2.1　地表水

根据《地表水环境质量评价办法（试行）》（环办〔2011〕22 号），水质评价指标为《地表水环境质量标准》（GB 3838—2002）表 1 中除水温、总氮和粪大肠菌群以外的 21 项指标，即 pH 值、溶解氧、高锰酸盐指数、化学需氧量、五日生化需氧量、氨氮、总磷、铜、锌、氟化物、硒、砷、汞、镉、铬（六价）、铅、氰化物、挥发酚、石油类、阴离子表面活性剂和硫化物。总氮作为参考指标单独评价（河流总氮除外）。湖库营养状态评价指标为叶绿素 a、总磷、总氮、透明度和高锰酸盐指数共 5 项。数据修约处理规则依据《国家地表水环境质量监测数据修约处理规则（试行）》（总站水字〔2018〕87 号）。

水质评价依据《地表水环境质量标准》（GB 3838—2002），按 I 类～劣 V 类 6 个类别进行评价。湖库营养状态评价依据《地表水环境质量评价办法（试行）》（环办〔2011〕22号），按贫营养～重度富营养五个级别进行评价。

（1）河流

1）断面水质评价

河流断面水质类别评价采用单因子评价法，即根据评价时段内该断面参评的指标中类别最高的一项来确定。描述断面的水质类别时，使用"符合"或"劣于"等词语。

表 1.3-1　断面水质定性评价

水质类别	水质状况	表征颜色	水质功能
I、II 类	优	蓝色	饮用水源一级保护区、珍稀水生生物栖息地、鱼虾类产卵场、仔稚幼鱼的索饵场等
III 类	良好	绿色	饮用水源二级保护区、鱼虾类越冬场、洄游通道、水产养殖区、游泳区
IV 类	轻度污染	黄色	一般工业用水和人体非直接接触的娱乐用水
V 类	中度污染	橙色	农业用水及一般景观用水
劣 V 类	重度污染	红色	除调节局部气候外，使用功能较差

2）河流、流域（水系）水质评价

当河流、流域（水系）的断面总数少于 5 个时，分别计算各断面各项评价指标的浓度算术平均值，然后按照"1）断面水质评价"方法评价，并按表 1.3-1 指出每个断面的水质类别和水质状况。

当河流、流域（水系）的断面总数在 5 个（含 5 个）以上时，采用断面水质类别比例法评价，即根据河流、流域（水系）中各水质类别的断面数占河流、流域（水系）所有评价断面总数的百分比来评价其水质状况，不做平均水质类别的评价。

表 1.3-2　河流、流域（水系）水质定性评价

水质类别比例	水质状况	表征颜色
Ⅰ～Ⅲ类水质比例≥90%	优	蓝色
75%≤Ⅰ～Ⅲ类水质比例<90%	良好	绿色
Ⅰ～Ⅲ类水质比例<75%，且劣Ⅴ类比例<20%	轻度污染	黄色
Ⅰ～Ⅲ类水质比例<75%，且20%≤劣Ⅴ类比例<40%	中度污染	橙色
Ⅰ～Ⅲ类水质比例<60%，且劣Ⅴ类比例≥40%	重度污染	红色

3）地表水主要污染指标的确定方法

①断面主要污染指标的确定方法。

评价时段内，断面水质为"优"或"良好"时，不评价主要污染指标。断面水质劣于Ⅲ类标准时，先按照不同指标对应水质类别的优劣，选择水质类别最差的前三项指标作为主要污染指标；当不同指标对应的水质类别相同时计算超标倍数，将超标指标按其超标倍数大小排列，取超标倍数最大的前三项为主要污染指标。当氰化物或铅、铬等重金属超标时，应优先作为主要污染指标列入。

确定了主要污染指标的同时，应在指标后标注该指标浓度超过Ⅲ类水质标准的倍数，即超标倍数。水温、pH 值和溶解氧等项目不计算超标倍数。

$$超标倍数 = \frac{某指标的浓度值 - 该指标的Ⅲ类水质标准}{该指标的Ⅲ类水质标准}$$

②河流、流域（水系）主要污染指标的确定方法。

将水质劣于Ⅲ类标准的指标按其断面超标率大小排列，取断面超标率最大的前三项为主要污染指标；断面超标率相同时，按照超标倍数大小排列确定。对于断面数少于 5 个的河流、流域（水系），按"①断面主要污染指标的确定方法"确定每个断面的主要污染指标。

$$断面超标率 = \frac{某评价指标超过Ⅲ类标准的断面（点位）个数}{断面（点位）总数} \times 100\%$$

（2）湖库

1）水质评价

①湖库单个点位的水质评价按照 1.3.2.1 中"1）断面水质评价"方法进行。

②当一个湖库有多个监测点位时，先分别计算所有点位各项评价指标浓度的算术平均值，然后按照 1.3.2.1 中"1）断面水质评价"方法评价。

③湖库多次监测结果的水质评价，先按时间序列计算湖库各个点位各项评价指标浓度的算术平均值，再按空间序列计算湖库所有点位各个评价指标浓度的算术平均值，然后按照 1.3.2.1 中"1）断面水质评价"方法评价。

④对于大型湖库，亦可分不同的湖库区进行水质评价。

⑤河流型湖库按照河流水质评价方法进行。

2）营养状态评价

①评价方法。

采用综合营养状态指数法（TLI(∑)）。

②营养状态分级。

采用 0～100 的一系列连续数字对湖库营养状态进行分级：

$$TLI（\textstyle\sum）<30 \qquad 贫营养$$

$$30\leqslant TLI（\textstyle\sum）\leqslant 50 \qquad 中营养$$

$$TLI（\textstyle\sum）>50 \qquad 富营养$$

$$50<TLI（\textstyle\sum）\leqslant 60 \qquad 轻度富营养$$

$$60<TLI（\textstyle\sum）\leqslant 70 \qquad 中度富营养$$

$$TLI（\textstyle\sum）>70 \qquad 重度富营养$$

③综合营养状态指数。

综合营养状态指数计算公式如下：

$$TLI(\textstyle\sum) = \sum_{j=1}^{m} W_j \cdot TLI(j)$$

式中，　TLI(∑)——综合营养状态指数；

　　　　W_j——第 j 种参数的营养状态指数的相关权重；

　　　　TLI(j)——第 j 种参数的营养状态指数。

以叶绿素 a（chla）作为基准参数，则第 j 种参数的归一化的相关权重计算公式为

$$W_j = \frac{r_{ij}^2}{\displaystyle\sum_{j=1}^{m} r_{ij}^2}$$

式中，r_{ij}——第 j 种参数与基准参数 chla 的相关系数；

　　　　m——评价参数的个数。

表 1.3-3　湖库部分参数与 chla 的相关关系 r_{ij} 及 r_{ij}^2 值

参数	叶绿素 a（chla）	总磷（TP）	总氮（TN）	透明度（SD）	高锰酸盐指数（COD_{Mn}）
r_{ij}	1	0.84	0.82	−0.83	0.83
r_{ij}^2	1	0.705 6	0.672 4	0.688 9	0.688 9

3）各指标营养状态指数计算

TLI（chla）=10（2.5+1.086ln chla）

TLI（TP）=10（9.436+1.624ln TP）

TLI（TN）=10（5.453+1.694ln TN）

TLI（SD）=10（5.118–1.94ln SD）

TLI（COD_{Mn}）=10（0.109+2.661ln COD_{Mn}）

式中，chla 单位为 mg/m³，SD 单位为 m，其他指标单位均为 mg/L。

1.3.2.2　集中式饮用水水源

地表水饮用水水源地水质评价执行《地表水环境质量标准》（GB 3838—2002）Ⅲ类标准或对应的标准限值，依据《地表水环境质量评价方法（试行）》（环办〔2011〕22 号）。

地下水饮用水水源地水质评价执行《地下水质量标准》（GB/T 14848—2017）Ⅲ类标准，采用单因子评价法。

1.3.2.3　水生生物

（1）生境评价

生境评价设置优先级为：水体功能（包括水质感官状况、河流/湖库栖境）＞人为干扰程度＞自然因素。对 6 项参数（河流/湖库栖境和人为干扰各含两项参数）每项从优到劣赋分 10、7、4、1 四个等级，每个监测断面生境总分由 6 项参数分值累加计算。

（2）藻类植物评价

藻类植物评价采用 Shannon-Wienner 多样性指数和 Pielou 均匀度指数对各断面的水体质量进行评价。

（3）底栖动物评价

底栖动物评价采用 Trent 指数、BMWP 记分系统、每科平均记分值（ASPT）、生物学污染指数（BPI）、Chandler 生物指数（CBI）、Margalef 丰富度指数和 FBI 指数等 7 种生物学指数进行评价。

除单一指数评价外，将各指数的评价等级进行赋分，划分为极清洁、清洁、轻污染、中污染和重污染及以下 5 个等级进行综合评价。

1.3.2.4 省界水体

依据《地表水环境质量标准》（GB 3838—2002）表 1 中除水温、总氮、粪大肠菌群外的 21 项指标标准限值，分别评价各项指标水质类别，按照单因子评价法，取水质类别最差者作为断面水质类别。

1.3.2.5 蓝藻水华

水华评价执行《水华程度分级标准》（暂行）和《水华规模分级标准》（暂行）。

表 1.3-4 水华程度分级标准（暂行）

藻类密度/（个/L）	水华程度
$<2.0×10^6$	无明显水华
$≥2.0×10^6$	轻微水华
$≥1.0×10^7$	轻度水华
$≥5.0×10^7$	中度水华
$≥1.0×10^8$	重度水华

注：本分级标准现用于"三湖一库"水华特征评价，尚未正式发布。

表 1.3-5 水华规模分级标准（暂行）

遥感监测水华面积比例/%	水华规模
0	未见明显水华
>0	零星性水华
≥10	局部性水华
≥30	区域性水华
≥60	全面性水华

注：本分级标准现用于"三湖一库"水华特征评价，尚未正式发布。

全国水华遥感监测依据《水华遥感与地面监测评价技术规范》（征求意见稿）、《水华规模分级标准》（暂行）等。基于遥感数据，对湖泊和水库水体进行掩膜提取，利用 NDVI 方法，辅以专家阈值判读，识别水华面积、发生次数和空间分布情况，并对水华规模进行分级评价。评价指标包括水华发生面积、水华发生次数、水华累计面积、水华平均面积、水华最大面积、水华最大面积发生日期等。

1.3.2.6 地下水

自然资源部依据《地下水质量标准》（GB/T 14848—2017），采用地下水质量综合评价法对地下水进行评价。评价指标包括浑浊度、色、嗅和味、肉眼可见物、钠离子、钾离子、钙离子、镁离子、铁、铜、锰、铅、锌、镉、铬（六价）、汞、砷、硒、铝、氯化物、氰化物、氟化物、碘化物、重碳酸根、碳酸根、硫酸盐、硝酸盐（以氮计）、亚硝酸盐（以氮计）、偏硅酸、溶解性总固体、总硬度、高锰酸钾指数、氨氮（以氮计）、挥发性酚类和pH 值等 35 项。

　　水利部采用地下水质量综合评价法，按单指标评价结果最差的类别确定综合评价结果。评价指标为《地下水质量标准》（GB/T 14848—2017）表 1 中除总大肠菌群、细菌总数外的 37 项常规指标。

　　评价指标浓度超过《地下水质量标准》（GB/T 14848—2017）中各指标Ⅲ类标准限值即为超标。

1.3.2.7　内陆渔业水域水质

　　内陆渔业水域水质评价指标中石油类、非离子氨、挥发性酚、铜、锌、铅、镉、汞、砷等指标依据《渔业水质标准》（GB 11607—1989），总氮、总磷和高锰酸盐指数参照《地表水环境质量标准》（GB 3838—2002）Ⅱ类标准值。

1.4　海洋

1.4.1　监测情况

1.4.1.1　海洋环境质量

　　2018 年，管辖海域共布设海水环境质量国控监测点位 1 649 个（渤海 316 个、黄海 375个、东海 449 个、南海 509 个）。其中，近岸海域布设国控点位 1 451 个（417 个可比点位用于评价），分别在冬季、春季、夏季和秋季监测；近岸以外海域布设国控点位 198 个，分别在冬季和夏季监测。

　　对沉积速率高的辽河口、海河口、黄河口、长江口、九龙江口和珠江口等 6 个河口开展 1 期沉积物质量监测，布设点位 91 个。

　　西太平洋海洋放射性监测预警开展 2 期，布设点位 86 个；核设施周边海域海洋放射性监测开展 1 期，布设点位 64 个。

　　在游泳季节和旅游时段对全国 23 个沿海城市共 36 个海水浴场开展 1 236 次水质监测，共布设点位 93 个（渤海 11 个、黄海 23 个、东海 20 个、南海 39 个）。

1.4.1.2　海洋生态状况

2018 年，海洋生物多样性监测在春季、夏季和秋季开展，其中近岸海域监测频率为 1～3 期/a，近岸以外海域监测频率为 1 期/a，共布设监测点位 1 705 个（渤海 383 个、黄海 261 个、东海 623 个、南海 438 个）。对 21 个典型生态系统健康状况开展 1 期监测，共布设监测点位 648 个（渤海 255 个、黄海 68 个、东海 164 个、南海 161 个）。

1.4.1.3　海岸线保护与利用遥感监测

2018 年，在全国沿海 11 个省份开展 1 期大陆海岸线保护与利用状况监测。监测指标为自然岸线保有率和开发利用现状。

海岸线保护与利用变化监测采用卫星遥感技术手段，主要采用高分一号、高分二号和 Planet Labs 卫星遥感数据，两期影像时间分别是 2017 年年底和 2018 年年底，空间分辨率为 1～3 m，主要对大陆海岸线类型、利用现状及动态变化进行监测和分析。

1.4.1.4　主要入海污染源状况

2018 年，按照《"十三五"国家地表水环境质量监测网设置方案》（环监测〔2016〕30 号）对 195 个国控入海控制断面开展水质监测（实际监测 194 个，1 个断面因断流未开展监测）。对 453 个日排污水量大于 100 m³ 的直排海工业污染源、生活污染源、综合排污口进行污染源监测。

2018 年 2 月、5 月、8 月和 10 月，在 18 个海洋大气监测站（渤海 9 个、黄海 3 个、东海 2 个、南海 4 个）开展气溶胶污染物含量监测。

2018 年 8—10 月，在 57 个区域开展海洋垃圾监测，其中 45 个区域监测海滩垃圾，38 个区域监测海面漂浮垃圾，14 个区域监测海底垃圾。8—9 月，在渤海、黄海和南海海域监测 4 个断面共计 17 个站位的海面漂浮微塑料。

1.4.1.5　海洋倾倒区和油气区环境状况

2018 年，在 66 个海洋倾倒区（北海 12 个、东海 36 个、南海 18 个）布设 553 个点位，开展 1～2 期环境状况监测。在全国 20 个油气区（群）（渤海 14 个、东海 3 个、南海 3 个）布设 249 个点位开展环境状况监测，其中渤海海域污染物排海量较大的油气区（群）开展 2 期，其他油气区（群）开展 1 期。

1.4.1.6　海洋渔业水域水质

2018 年，按照《渔业生态环境监测规范》（SC/T 9102—2007），全国渔业生态环境监测网对黄渤海区、东海区、南海区的 48 个重要鱼、虾、贝类产卵场、索饵场、洄游通道以及水产增养殖区、水生生物自然保护区、水产种质资源保护区等重要渔业水域进行了监测，监测水域总面积 592.5 万 hm²。

1.4.2 评价方法和依据标准

1.4.2.1 海洋环境质量

（1）管辖海域海水水质

管辖海域海水水质评价依据《海水质量状况评价技术规程（试行）》（海环字〔2015〕25 号）和《海水水质标准》（GB 3097—1997）。评价指标为无机氮（亚硝酸盐氮、硝酸盐氮和氨氮的总和）、活性磷酸盐、石油类、溶解氧、化学需氧量、pH 值、汞、镉、铅、砷和铜共 11 项。

2018 年，管辖海域水质监测要求在冬季（1—3 月）和夏季（7—9 月）开展，但由于天气原因，渤海中部和北黄海近岸以外海域仅在春季（4—6 月）和夏季（7—9 月）开展了监测，其他海区近岸以外海域则是在冬季（1—3 月）和夏季（7—9 月）开展了监测。因此，管辖海域冬季航次较夏季缺少 440 余个国控点位的监测数据。为保证评价结果的科学性和可比性，仅对管辖海域夏季综合水质进行评价。

（2）近岸海域海水水质

近岸海域海水水质评价依据《海水水质标准》（GB 3097—1997）和《近岸海域环境监测规范》（HJ 442—2008）。评价指标为 pH 值、溶解氧、化学需氧量、生化需氧量、无机氮、非离子氨、活性磷酸盐、汞、镉、铅、六价铬、总铬、砷、铜、锌、硒、镍、氰化物、硫化物、挥发性酚、石油类、六六六、滴滴涕、马拉硫磷、甲基对硫磷、苯并[a]芘、阴离子表面活性剂、粪大肠菌群和大肠菌群共 29 项。

表 1.4-1　近岸海域海水水质状况分级

水质类别比例	水质状况
一类≥60%且一、二类≥90%	优
90%>一、二类≥80%	良好
80%>一、二类≥60%且劣四类≤30%，或一、二类<60%且一至三类≥90%	一般
一、二类<60%且劣四类≤30%，或30%<劣四类≤40%，或一、二类<60%且一至四类≥90%	差
劣四类>40%	极差

海水水质类别采用单因子评价法，即某一测点海水中任一评价指标超过一类海水标准值，该测点水质即为二类，超过二类海水标准值即为三类，依此类推。

超标率依据《海水水质标准》（GB 3097—1997）中的二类海水标准值计算。主要超标指标按点位超标率 5%以上的前三位确定。

（3）海水富营养化

海水富营养化状况评价依据《海水质量状况评价技术规程（试行）》（海环字〔2015〕25 号）。评价指标为化学需氧量（COD）、无机氮（DIN）和活性磷酸盐（DIP）。采用富营养化指数（E）进行评价，确定富营养化状态。计算公式如下：

$$E=（C_{COD} \times C_{DIN} \times C_{DIP} \times 10^6）/4\,500$$

$E \geqslant 1$ 为富营养化，其中 $1 \leqslant E \leqslant 3$ 为轻度富营养化，$3 < E \leqslant 9$ 为中度富营养化，$E > 9$ 为重度富营养化。

（4）河口海湾水质

评价方法和依据标准与"管辖海域海水水质"相同。

（5）海水浴场水质

海水浴场水质评价依据《海水水质标准》（GB 3097—1997）、《海水浴场环境监测与评价技术规程（试行）》（海环字〔2015〕34 号）和《近岸海域环境监测规范》（HJ 442—2008）。评价指标为粪大肠菌群、漂浮物质和石油类 3 项。同时，合并"优""良"两个等级，按照"优良""一般""较差" 3 个等级开展评价。采用单因子评价法，即全部水质评价指标判别结果均为"优良"，则判定海水浴场水质状况为"优良"；如果有一项或一项以上水质指标判别结果为"一般"，且没有水质指标判别结果为"较差"，则判定海水浴场水质状况为"一般"；如果有一项或一项以上水质指标判别结果为"较差"，则判定海水浴场水质状况为"较差"。按照上述判别依据统计各浴场各级别水质状况天数，计算其占监测天数的比例。

表 1.4-2　海水浴场水质状况分级

评价指标	优良	一般	较差
粪大肠菌群/（CFU/L）	≤1 000	1 000～2 000	>2 000
石油类/（mg/L）	≤0.05		>0.05
漂浮物质	海面不得出现油膜、浮沫和其他漂浮物质		海面无明显油膜、浮沫和其他漂浮物质

（6）海洋沉积物质量

海洋沉积物质量评价依据《海洋沉积物质量》（GB 18668—2002）和《海洋沉积物质量综合评价技术规程（试行）》（海环字〔2015〕26 号）。评价方法为层次分析法，评价指标为硫化物、总有机碳、汞、铜、镉、铅、锌、铬、砷、石油类、六六六、滴滴涕和多氯联苯。

表 1.4-3　海洋沉积物质量各项指标分级标准

评价指标		良好	一般	较差
一般污染指标	汞	≤0.20	>0.20 且≤1.00	>1.00
	镉	≤0.50	>0.50 且≤5.00	>5.00
	铅	≤60.0	>60.0 且≤250	>250
	铜	≤35.0	>35.0 且≤200	>200
	锌	≤150	>150 且≤600	>600
	铬	≤80.0	>80.0 且≤270	>270
	砷	≤20.0	>20.0 且≤93.0	>93.0
	石油类	≤500	>500 且≤1 500	>1 500
	六六六	≤0.50	>0.50 且≤1.50	>1.50
	滴滴涕	≤0.02	>0.02 且≤0.10	>0.10
	多氯联苯	≤0.02	>0.02 且≤0.60	>0.60
理化性质指标	总有机碳	≤2.0	>2.0 且≤4.0	>4.0
	硫化物	≤300	>300 且≤600	>600

注：总有机碳的单位为 10^{-2}，其他各要素的单位为 10^{-6}，均以干重计。

对单个点位沉积物的理化性质指标按表 1.4-4 进行质量分级，缺失任何一项指标均不给出评价结论。

表 1.4-4　单个点位沉积物理化性质指标质量分级原则

等级	分级原则
良好	至少一项指标为良好，另一项不为较差
一般	一项指标为较差或者两项指标为一般
较差	两项指标均为较差

对单个点位沉积物的一般污染指标按表 1.4-5 进行质量分级，至少 6 项指标参与评价，如果小于 6 项指标不给出评价结论。

表 1.4-5　单个点位沉积物一般污染指标质量分级原则

等级	分级原则
良好	最多一项指标为一般，没有一项指标为较差
一般	一项以上指标为一般，没有一项指标为较差
较差	有一项或更多项指标为较差

在单个点位沉积物理化性质指标和一般污染指标的分级基础上，对单个点位的沉积物质量按表 1.4-6 进行分级，如缺失污染指标不给出评价结论。

表 1.4-6　单个点位沉积物质量分级原则

等级	分级原则
良好	污染指标为良好，理化性质指标不为较差
一般	污染指标为一般，理化性质指标不为较差
较差	任何一项指标为较差或两项指标均为较差

在单个点位沉积物质量分级基础上，按表 1.4-7 确定区域沉积物质量综合等级。

表 1.4-7　区域沉积物质量综合等级分级原则

等级	分级原则
良好	有不到 5% 点位的沉积物质量等级为较差，且不低于 70% 点位的沉积物质量等级为良好
一般	5%～15% 点位的沉积物质量等级为较差，或不到 5% 的点位为较差且低于 70% 的点位沉积物质量等级为良好
较差	有 15% 以上点位的沉积物质量等级为较差

（7）海洋环境放射性水平

海洋环境放射性水平评价采用比较分析法。其中，西太平洋海洋放射性监测预警监测数据与我国海洋环境放射性本底数据、日本近岸海域放射性本底数据及 2011—2017 年 14 个西太平洋放射性监测预警航次监测数据进行比较分析；核设施周边海域海洋放射性监测数据与我国海洋环境放射性本底数据进行比较分析。

1.4.2.2　海洋生态状况

（1）海洋生物多样性

海洋生物多样性评价依据《海洋调查规范》（GB/T 12763）和《海洋监测规范》（GB/T 17378）。评价指标为 17 项，包括管辖海域浮游生物、底栖生物、海草、红树植物、珊瑚等生物的种类组成，以及夏季重点监测区域浮游生物和大型底栖生物物种数、密度、多样性指数及主要优势种。

（2）典型海洋生态系统

典型海洋生态系统评价依据《海洋调查规范》（GB/T 12763）、《海洋监测规范》（GB/T 17378）和《近岸海洋生态健康评价指南》（HY/T 087—2005）。针对河口、海湾、滨海湿地、珊瑚礁、红树林和海草床典型生态系统，从水环境、沉积环境、生物残毒、栖息地和生物群落 5 个方面建立评价指标。

按照生态健康指数（CEH$_{indx}$）评价生态系统健康状况，将近岸海洋生态系统健康状况划分为"健康""亚健康"和"不健康"三个等级，当 CEH$_{indx}$≥75 时，生态系统处于健康状态；当 50≤CEH$_{indx}$<75 时，生态系统处于亚健康状态；当 CEH$_{indx}$<50 时，生态系统处于不健康状态。

1.4.2.3 海岸线保护与利用遥感监测

海岸线保护与利用遥感监测评价依据《海域卫星遥感动态监测技术规程》（国海管字〔2014〕500 号）、《海域使用分类遥感判别指南》（国海管字〔2014〕500 号）、《海岸线保护与利用管理办法》（国海发〔2017〕2 号）和《海岸线调查统计技术规程（试行）》（国海发〔2017〕5 号）。海岸线分类指标为自然岸线和人工岸线，监测指标为海岸线变化的位置、长度、类型、自然岸线比例和利用现状。

自然岸线是指由海陆相互作用形成的海岸线，包括砂质岸线、淤泥质岸线、基岩岸线等原生岸线，以及整治修复后具有自然海岸线形态特征和生态功能的海岸线。

海岸线变化类型指标包括自然岸线变为人工岸线、人工岸线变为自然岸线和人工岸线规模扩张。

海岸线利用现状指标包括渔业岸线、工业岸线、港口岸线、旅游娱乐岸线、城镇建设岸线和海岸防护岸线。

1.4.2.4 主要入海污染源状况

（1）入海河流

评价方法和依据标准与淡水-河流水质评价相同。

（2）直排海污染源

污染物入海总量计算方法如下：

1）污染物浓度和污水流量实行同步监测的排污口

污染物入海量（t/a）=污染物平均浓度（mg/L）×污水平均流量（m³/h）×污水排放时间（h/a）×10^{-6}

2）未进行污染物浓度和污水流量同步监测的排污河（沟、渠）

污染物入海量（t/a）=污染物平均浓度（mg/L）×污水入海量（万 t/a）×10^{-2}

监测浓度和加权平均浓度低于检出限的指标，浓度按 1/2 检出限计算，不计总量。

（3）海洋大气污染物沉降

海洋大气污染物沉降评价依据《大气污染物沉降入海通量评估技术规程（试行）》（海环字〔2015〕30 号）。

海洋大气气溶胶中污染物含量统计方法为：首先计算不同监测站点的月均值（每个站点至少 8 个独立时间的样品），再根据月均值计算年均值（每个站点至少 4 个季度 32 个独立时间的样品），统计范围包括全国 18 个海洋大气监测站，统计指标为硝酸盐、铵盐、铜和铅 4 项。

大气污染物湿沉降通量评价依据降水中污染物浓度与降水量监测结果，计算公式如下：

$$F_w = \sum_{i=1}^{n} P_i C_i \times 10^{-3}$$

式中：F_w——大气湿沉降通量，t/（km^2·a）；

$\quad\quad P_i$——第 i 次降水的降水量，mm；

$\quad\quad i$——降水次数；

$\quad\quad C_i$——第 i 次降水的污染物浓度，mg/L。

（4）海洋垃圾与微塑料

海洋垃圾评价依据《海洋垃圾监测与评价技术规程（试行）》（海环字〔2015〕31 号），按照塑料类、聚苯乙烯泡沫塑料类、玻璃类、金属类、橡胶类、织物（布）类、木制品类、纸类及其他人造物品和无法辨认的材料等类型，分别统计分析海洋垃圾的数量、密度、来源等。

海洋微塑料评价依据《海洋微塑料监测技术规程（试行）》，按照形状分为薄膜状、颗粒状、碎片状、纤维状、线状、球状和其他类型微塑料；按照材料类型分为聚乙烯、聚丙烯、聚苯乙烯、聚氯乙烯、聚丙烯腈、聚对苯二甲酸乙二醇酯、聚酰胺、苯乙烯-丁二烯-丙烯共聚物、聚碳酸酯和其他类型聚合物。

1.4.2.5　海洋倾倒区和油气区环境状况

（1）海洋倾倒区

海洋倾倒区评价依据《海水水质标准》（GB 3097—1997）、《海洋沉积物质量》（GB 18668—2002）、《全国海洋功能区划（2011—2020 年)》、《海洋功能区划技术导则》（GB 17108—1997）和《海洋倾倒区监测技术规程》。评价指标为水深、水质、沉积物质量和底栖生物 4 类。

倾倒区水质和沉积物质量评价采用单因子评价法，即某倾倒区水质任一点位任一评价指标超过一类海水标准值，该倾倒区水质即为二类，超过二类海水标准值即为三类，依此类推。沉积物质量评价方法同"海洋环境质量"。水深和底栖生物采用与上年值进行对比的方法评价变化状况。

海洋功能区环境保护要求中对倾倒区水质的要求是四类，对沉积物质量的要求是三类，如倾倒区水质或沉积物质量劣于环境保护要求的相应等级，则该倾倒区未满足海洋功能区环境保护要求。

（2）海洋油气区

海洋油气区评价依据《海洋工程环境影响评价技术导则》（GB/T 19485—2014）、《全国海洋功能区划（2011—2020)》》、《海洋功能区划技术导则》（GB 17108—2006）、《海水水质标准》（GB 3097—1997）和《海洋沉积物质量》（GB 18668—2002）。评价指标为海水的石油类、化学需氧量、汞和镉，沉积物的有机碳、石油类、汞和镉。

采用单因子评价法确定各油气区海水和沉积物中各指标的质量等级；采用对比法比较各指标海水和沉积物等级与背景等级的变化，评价油气区环境质量是否符合功能区"维持现状"的环境保护要求。

1.4.2.6 海洋渔业水域水质

海洋渔业水域水质评价项目中石油类、铜、锌、铅、镉、汞、砷等指标依据《渔业水质标准》（GB 11607—1989），无机氮、活性磷酸盐和化学需氧量指标依据《海水水质标准》（GB 3907—1997），其中海水鱼虾类产卵场、索饵场及水生生物自然保护区和水产种质资源保护区参照《海水水质标准》（GB 3907—1997）第一类标准值，海水鱼虾贝藻类养殖区参照《海水水质标准》（GB 3907—1997）第二类标准值；海洋沉积物评价项目参照《海洋沉积物质量》（GB 18668—2002）第一类标准值，指标包括石油类、铜、镉、锌、铅、汞、砷。

1.5 声环境

1.5.1 监测情况

1.5.1.1 城市区域声环境

根据《环境噪声监测技术规范 城市声环境常规监测》（HJ 640—2012），昼间区域声环境监测每年开展 1 次，夜间区域声环境监测每五年开展 1 次，在每个五年规划的第三年监测。

2018 年，全国共有 323 个地级及以上城市报送昼间区域声环境质量监测数据[①]，监测 55 904 个点位，覆盖城市区域面积 27 960 km²，31 个直辖市和省会城市区域声环境质量昼间监测覆盖面积 10 255.7 km²。共有 319 个地级及以上城市报送夜间区域声环境质量监测数据[②]，监测 55 176 个点位，覆盖城市区域面积 27 816 km²，31 个直辖市和省会城市区域声环境质量夜间监测覆盖面积 10 256.2 km²。

---

① 内蒙古自治区阿拉善盟，西藏自治区昌都、山南、日喀则、那曲、阿里、林芝，青海省海东、海北、黄南、海南、果洛、玉树、海西，新疆生产建设兵团五家渠共 15 个城市因人员经费紧张、监测能力不足、未完成声功能区划等原因未监测或未能及时上报监测结果。

② 内蒙古自治区呼伦贝尔、阿拉善盟，贵州省铜仁、黔西南、黔南，西藏自治区昌都、山南、日喀则、那曲、阿里、林芝，青海省海东、海北、黄南、海南、果洛、玉树、海西，新疆生产建设兵团五家渠共 19 个城市因人员经费紧张、监测能力不足、未完成声功能区划、未在 2018 年安排夜间监测等原因未监测或未能及时上报监测结果。

1.5.1.2　道路交通声环境

根据《环境噪声监测技术规范 城市声环境常规监测》（HJ 640—2012），昼间道路交通声环境监测每年开展 1 次，夜间道路交通声环境监测每五年开展 1 次，在每个五年规划的第三年监测。

2018 年，全国共有 324 个地级及以上城市报送昼间道路交通声环境质量监测数据[①]，监测 21 094 个点位，监测道路长度 35 855.2 km，31 个直辖市和省会城市监测道路长度 9 837.3 km。共有 321 个地级及以上城市报送夜间道路交通声环境质量监测数据[②]，监测 20 967 个点位，监测道路长度 35 629.4 km，31 个直辖市和省会城市监测道路长度 9 838.4 km。

1.5.1.3　功能区

2018 年，全国共有 311 个地级及以上城市报送功能区声环境质量监测数据[③]，各类功能区监测 21 904 点次，昼间、夜间各 10 952 点次。31 个直辖市和省会城市各类功能区监测 3 276 点次，昼间、夜间各 1 638 点次。

1.5.2　评价方法和依据标准

1.5.2.1　城市区域

城市区域声环境质量评价依据《环境噪声监测技术规范 城市声环境常规监测》（HJ 640—2012）。评价指标为昼间平均等效声级和夜间平均等效声级。城市环境噪声整体水平计算公式如下，根据结果按表 1.5-1 进行评价。

$$\bar{S} = \frac{1}{n}\sum_{i=1}^{n} L_i$$

式中，$\bar{S}$——城市区域昼间平均等效声级（$\bar{S}_d$）或夜间平均等效声级（$\bar{S}_n$），dB（A）；

L_i——第 i 个网格测得的等效声级，dB（A）；

n——有效网格总数。

[①] 西藏自治区昌都、山南、日喀则、那曲、阿里和林芝，青海省海东、海北、黄南、海南、果洛、玉树和海西，新疆生产建设兵团五家渠共 14 个城市因监测能力不足、未完成声功能区划等原因未监测或未能及时上报监测结果。

[②] 贵州省铜仁、黔西南、黔南，西藏自治区昌都、山南、日喀则、那曲、阿里、林芝，青海省海东、海北、黄南、海南、果洛、玉树、海西，新疆生产建设兵团五家渠共 17 个城市因监测能力不足、未完成声功能区划、未在 2018 年安排夜间监测等原因未监测或未能及时上报监测结果。

[③] 内蒙古自治区通辽、呼伦贝尔、乌兰察布、锡林郭勒盟，广西壮族自治区梧州、防城港、钦州、玉林、百色、贺州、来宾、崇左，云南省临沧，西藏自治区昌都、山南、日喀则、那曲、阿里、林芝，青海省海东、海北、黄南、海南、果洛、玉树、海西，新疆生产建设兵团五家渠共 27 个城市因人员经费紧张、监测能力不足、未完成功能区声环境监测自动设备安装和点位调整工作、未完成声功能区划等原因未监测或未能及时上报监测结果。

表 1.5-1　城市区域环境噪声总体水平等级划分　　　　单位：dB（A）

等级	一级	二级	三级	四级	五级
昼间平均等效声级（$\bar{s}_d$）	≤50.0	50.1～55.0	55.1～60.0	60.1～65.0	>65.0
夜间平均等效声级（$\bar{s}_n$）	≤40.0	40.1～45.0	45.1～50.0	50.1～55.0	>55.0

1.5.2.2　道路交通

　　道路交通噪声评价依据《环境噪声监测技术规范　城市声环境常规监测》（HJ 640—2012）。评价指标为昼间平均等效声级和夜间平均等效声级。道路交通噪声监测的等效声级采用道路长度加权算数平均法，计算公式如下，计算结果按表 1.5-2 进行评价。

$$\bar{L} = \frac{1}{l}\sum_{i=1}^{n}\left(l_i \times L_i\right)$$

式中，$\bar{L}$——道路交通昼间平均等效声级（$\bar{L}_d$）或夜间平均等效声级（$\bar{L}_n$），dB（A）；

　　　　l——监测的道路总长，m；

$$l = \sum_{i=1}^{n} l_i$$

　　　　l_i——第 i 测点代表的路段长度，m；

　　　　L_i——第 i 测点测得的等效声级，dB（A）。

表 1.5-2　道路交通噪声强度等级划分　　　　单位：dB（A）

等级	一级	二级	三级	四级	五级
昼间平均等效声级（$\bar{L}_d$）	≤68.0	68.1～70.0	70.1～72.0	72.1～74.0	>74.0
夜间平均等效声级（$\bar{L}_n$）	≤58.0	58.1～60.0	60.1～62.0	62.1～64.0	>64.0

1.5.2.3　功能区

　　城市功能区声环境质量评价依据《声环境质量标准》（GB 3096—2008）。评价指标为昼间、夜间监测点次的达标率。各功能区的昼间等效声级和夜间等效声级计算如下式，按表 1.5-3 中相应的环境噪声限值进行独立评价。各功能区按监测点次分别统计昼间、夜间达标率。

$$L_{\mathrm{d}} = 10\lg\left(\frac{1}{16}\sum_{i=1}^{16}10^{0.1L_i}\right)$$

$$L_{\mathrm{n}} = 10\lg\left(\frac{1}{8}\sum_{i=1}^{8}10^{0.1L_i}\right)$$

式中，L_{d}——昼间等效声级，dB（A）；

L_{n}——夜间等效声级，dB（A）；

L_i——昼间或夜间小时等效声级，dB（A）。

表 1.5-3　各类功能区环境噪声限值 单位：dB（A）

功能区	0 类	1 类	2 类	3 类	4a 类	4b 类
昼间	≤50	≤55	≤60	≤65	≤70	≤70
夜间	≤40	≤45	≤50	≤55	≤55	≤60

1.6　生态

1.6.1　监测情况

1.6.1.1　全国生态状况

根据《2017 年国家生态环境监测方案》（环办监测〔2017〕32 号）、《2018 年国家生态环境监测方案》（环办监测函〔2018〕337 号），中国环境监测总站组织全国 31 个省级环境监测中心（站）开展全国生态环境监测与评价工作，对生态环境状况及变化趋势进行分析。数据主要包括 Landsat 8 OLI 多光谱、GF-1/2、ZY-3 等遥感影像 4.1 万景，MODIS 250 m NDVI 数据 2 520 景，1∶25 万基础地理信息数据，土地胁迫数据，《中国水资源公报》和《中国环境统计年报》等。数据分析和处理方法执行《全国生态环境监测与评价实施方案》（总站生字〔2015〕163 号）和《2017 年全国生态环境监测和评价补充方案》（总站生字〔2017〕350 号）。

1.6.1.2　国家重点生态功能区

国家重点生态功能区评价范围为每年度中央财政国家重点生态功能区转移支付县域。2018 年，国家重点生态功能区转移支付县域总数为 818 个，分布在除上海、江苏以外的 29

个省份及新疆生产建设兵团（以下简称兵团）。按照生态功能类型划分，防风固沙类型有 83 个，水土保持类型有 190 个，水源涵养类型有 362 个，生物多样性维护类型有 183 个。

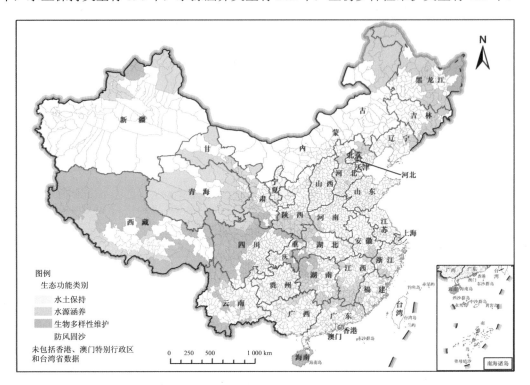

图 1.6-1　国家重点生态功能区县域分布示意

国家重点生态功能区县域生态环境质量监测包括自然生态状况（林地、草地、水域湿地、耕地、建设用地等）监测、地表水水质监测、集中式饮用水水源地水质监测、空气质量监测和污染源监测。其中自然生态状况采用遥感手段监测，以国产高分影像为主要数据源，解译县域范围林、草、水域湿地、耕地、建设用地等各类生态类型。地表水、集中式饮用水水源地、空气质量和污染源均采用手工监测，其中地表水监测点位 1 720 个，按月监测；集中式饮用水水源地监测点位 1 028 个，地表水水源地按季度监测，地下水水源地每半年监测 1 次；空气质量监测点位 960 个，其中自动监测点位 918 个；废水、废气污染源及污水处理厂共 2 837 个，按季度监测。

国家重点生态功能区县域生态环境质量变化监测，基于卫星遥感监测、环境质量监测、统计调查、综合生态环境保护管理评价、人为因素引发的突发环境事件及局部区域生态变化无人机遥感核查等开展，对 818 个县域 2016—2018 年生态环境变化进行动态变化评价。

1.6.1.3　典型生态系统区域

2010 年，中国环境监测总站开始筹建生态地面监测站，2011 年选择 6 个省份进行试点监测。2012 年开始联合各生态地面监测站每年编制《生态环境地面监测报告》。2013 年江苏等 10 个省级环境监测站加挂 "中国环境监测总站生态地面监测重点站" 的牌匾，明确重点站承担单位的主要任务和网络职责，全面开启重点站建设。在开展生态地面监测工作和重点站建设的同时，开展监测与评价方法的研究工作，印发了《湿地生态环境健康评价方法（暂行）》（总站生字〔2014〕130 号），作为湿地生态系统评价技术导则。生态地面监测重点站逐年增加，截至 2018 年，生态地面监测工作已覆盖 16 个省份，监测范围涵盖森林、草地、湿地、荒漠、城市等生态系统，监测站位 40 个。

　　2018 年，在全国 16 个省份开展了典型区域生态地面监测，涉及沽源、呼伦贝尔等 27 个区域。各生态监测站开展了生物、水、空气、土壤等要素监测，监测指标涵盖生物（陆地植物群落，水体中浮游植物、浮游动物、底栖动物）、水环境（地表水和地下水）、空气环境和气象、土壤环境等要素，同时调查监测区域的人类活动状况、病虫害及主要自然灾害发生情况。根据生态系统各要素及其包含的监测指标特点，监测时间和监测频次各不相同。

表 1.6-1　生态地面监测各要素的监测时间及频次要求

监测要素		监测时间	监测频次
生物要素	陆地生物群落	7—8 月	1 次/a
	水域生物群落	4—10 月	1～2 次/a
土壤或湖泊底泥		与生物要素同步采样	1 次/3a
水环境		每季度监测一次	4 次/a
空气环境		每季度监测一次	4 次/a
气象		降雨只在 6—9 月监测，逢雨必测；其他要素利用自动气象站监测	自动监测
景观指标		与生物要素同步调查	1 次/a

1.6.1.4　自然保护区人类活动遥感监测

　　国家级自然保护区人类活动变化监测以卫星遥感手段为主，采用 2017—2018 年的高分一号、高分二号和资源三号卫星遥感数据，对国家级自然保护区 2017 年下半年—2018 年上半年（以下简称 2018 年上半年期间）、2018 年上半年—2018 年下半年（以下简称 2018 年下半年期间）新增或规模扩大人类活动进行了监测。2018 年上半年期间国家级自然保护区人类活动遥感监测和 2018 年下半年期间国家级自然保护区人类活动遥感监测分别采用可获取的有效 1 m 和 2 m 高分辨率卫星遥感影像 6 976 幅和 6 687 幅。

1.6.2 评价方法和依据标准

1.6.2.1 全国生态状况

生态环境质量评价依据《生态环境状况评价技术规范》（HJ 192—2015）。

表 1.6-2 生态环境状况分级

级别	优	良	一般	较差	差
指数	EI≥75	55≤EI<75	35≤EI<55	20≤EI<35	EI<20
描述	植被覆盖度高，生物多样性丰富，生态系统稳定	植被覆盖度较高，生物多样性较丰富，适合人类生活	植被覆盖度中等，生物多样性一般水平，较适合人类生活，但有不适合人类生活的制约性因子出现	植被覆盖较差，严重干旱少雨，物种较少，存在着明显限制人类生活的因素	条件较恶劣，人类生活受到限制

表 1.6-3 生态环境状况变化度分级

级别	无明显变化	略微变化	明显变化	显著变化
变化值	|ΔEI|<1	1≤|ΔEI|<3	3≤|ΔEI|<8	|ΔEI|≥8

1.6.2.2 国家重点生态功能区

生态功能区评价依据《生态环境状况评价技术规范》（HJ 192—2015）中"6.1 生态功能区生态功能评价"方法和分级标准。

1.6.2.3 典型生态系统区域

根据生态系统物种多样性、群落结构、生产力以及地表水、空气和土壤环境质量数据，对我国典型区域森林、草地及荒漠、湿地、城市生态系统的生态环境状况进行分析，同时开展湿地生态环境健康评估。

湖泊湿地生态环境健康采用《湿地生态环境健康评价方法（暂行）》（总站生字〔2014〕130 号），从压力、环境、生物、景观和响应 5 个方面共 16 个二级指标进行综合评价。

表 1.6-4 评价指标体系及权重

一级指标	权重	二级指标	分权重
压力指标	0.2	人口密度	0.3
		土地利用强度	0.4
		水生生境干扰	0.3

一级指标	权重	二级指标	分权重
环境指标	0.3	地表水水质状况	0.3
		综合营养状态指数	0.1
		枯水期径流量占年均径流量比例	0.2
		土壤综合污染指数	0.1
		生态环境状况指数	0.3
生物指标	0.3	水生生物香农多样性指数	0.4
		底栖动物耐污指数	0.2
		鸟类种群指数	0.4
景观指标	0.1	景观均匀度指数	0.5
		森林覆盖度	0.5
响应指标	0.1	环保投入占 GDP 比重	0.2
		污染物减排完成情况	0.5
		湿地退化指数	0.3

表 1.6-5 湿地生态环境健康状况分级

级别	WHI	描述
极健康	≥4	湿地生态系统结构十分合理、功能极为完善、环境质量极好、生物多样性丰富、格局完美、外界压力较小、生态系统极稳定、处于可持续状态
健康	(4，3]	湿地生态系统结构比较合理、功能较完善、环境质量较好、生物多样性较丰富、格局尚完美、外界压力较小、生态系统稳定、处于可持续状态
亚健康	(3，2]	湿地生态系统结构尚完整、功能基本具备、环境质量一般、生物多样性一般、斑块破碎明显、外界压力显现、生态系统尚稳定，接近湿地生态阈值、处于可维持状态
较差	(2，1]	湿地生态系统结构出现缺陷、功能不能满足维持生态系统需要、环境质量较差、生物多样性较差、斑块破碎化较严重、外界压力大、生态系统稳定性差、已开始退化
差	<1	湿地生态系统结构不合理、功能丧失、环境质量差、生物多样性贫乏、斑块破碎化严重、外界压力极大、生态系统不稳定、处于已恶化状态

注：WHI 为湿地生态环境健康指数（Wetland Health Index）。

表 1.6-6 湿地生态环境健康变化幅度分级

级别	无明显变化	略有变化	明显变化
变化值	$|\Delta WHI| \leqslant 0.5$	$0.5 < |\Delta WHI| < 1$	$|\Delta WHI| \geqslant 1$
描述	生态系统健康无明显变化	如果 $0.5 < \Delta WHI < 1$，则生态系统健康略微变好；如果 $-0.5 > \Delta WHI > -1$，则生态系统健康略微变差	如果 $\Delta WHI \geqslant 1$，则生态健康明显变好；如果 $\Delta WHI \leqslant -1$，则生态系统健康明显变差

生物多样性指数采用香农威纳多样性指数来综合反映群落的种类、个体在群落种所占比例及比例的均匀程度。

$$\text{Shannon-Wiener's index of diversity}\left(H'\right) = \sum_{i=1}^{S} P_i \log_2 P_i$$

式中，H'——生物多样性指数；

  S——总物种数；

  P_i——样品中属于第 i 种的个体的比例。

生物完整性指数（BI）是基于湿地生态系统中污染指示种和其出现频率的水质评价指数。

$$\text{BI} = \sum_{i=1}^{S} n_i \cdot a_i / N$$

式中，n_i——第 i 分类单元（属或种）的个体数；

  a_i——第 i 分类单元（属或种）的耐污值；

  N——分类单元（属或种）的个体总数；

  S——种类数。

土壤评价依据《土壤环境质量 农用地土壤污染风险管控标准（试行）》（GB 15618—2018），评价方法采用内梅罗污染指数法。

表 1.6-7 内梅罗污染指数分级标准

等级	内梅罗污染指数（P）	污染等级
I	$P \leq 0.7$	清洁（安全）
II	$0.7 < P \leq 1.0$	尚清洁（警戒线）
III	$1 < P \leq 2.0$	轻度污染
IV	$2 < P \leq 3.0$	中度污染
V	$P > 3$	重污染

1.6.2.4 自然保护区人类活动遥感监测

自然保护区人类活动遥感监测依据《自然保护区人类活动遥感监测技术指南（试行）》（环办〔2014〕12 号）和《自然保护区人类活动遥感监测及核查处理办法（试行）》（环规生态〔2017〕3 号）。人类活动分类指标为农业用地、居民点、工矿用地、采石场、能源设施、旅游设施、交通设施、养殖场、道路和其他人工设施，监测指标为人类活动变化的位置、面积、数量、百分比、分布、所在功能区。

1.7 农村

1.7.1 监测情况

1.7.1.1 农村环境

2018 年，农村环境空气质量共监测 31 个省份和兵团的 2 146 个村庄；农村地表水水质状况共监测 30 个省份（西藏未开展监测）和兵团的 2 026 个断面；农村饮用水水源地水质共监测 31 个省份和兵团的 2 131 个村庄 2 249 个断面（点位），其中地表水饮用水水源地监测断面 1 155 个，地下水饮用水水源地监测点位 1 094 个；农村土壤环境质量共监测 30 个省份（西藏未开展监测）和兵团的 1 667 个村庄 7 026 个土壤样品，主要涉及农田、园地、养殖场周边、企业周边、居民区周边、垃圾场周边、饮用水水源地周边及林地等 8 种土地利用类型。

1.7.1.2 农业面源污染遥感监测

2018 年，全国农业面源污染遥感监测采用 MODIS 数据产品和多源地面数据。MODIS 数据产品包括植被指数产品（MOD13A2）和地表反射率产品（MOD09GA），地面数据（公开发表的统计、调查和试验数）包括农业统计数据、污染普查数据、降水数据和坡度坡长空间数据等。监测对象包括农村生活、畜禽养殖和农田种植（包含水土流失）等人类活动型面源污染，监测数据空间分辨率为 1 km，监测频次为 1 次/a。

1.7.2 评价方法和依据标准

1.7.2.1 农村环境

（1）环境空气

根据《全国农村环境质量试点监测技术方案》（环发〔2014〕125 号）要求，农村环境空气质量评价依据《环境空气质量标准》（GB 3095—2012）。评价指标为 SO_2、NO_2、PM_{10}、$PM_{2.5}$、O_3 和 CO。

（2）地表水

根据《全国农村环境质量试点监测技术方案》（环发〔2014〕125 号）要求，农村地表水环境质量评价依据《地表水环境质量标准》（GB 3838—2002）和《地表水环境质量评价办法（试行）》（环办〔2011〕22 号），评价指标为《地表水环境质量标准》（GB 3838—2002）

表 1 中除水温、总氮和粪大肠菌群以外的 21 项指标。

（3）饮用水水源

饮用水水源地水质评价依据《地表水环境质量标准》（GB 3838—2002）和《地下水质量标准》（GB/T 14848—2017）Ⅲ类标准或相应标准值，采用单因子评价法，分为达标和不达标两类。依据《全国农村环境质量试点监测技术方案》（环发〔2014〕125 号），地表水饮用水水源地评价指标为《地表水环境质量标准》（GB 3838—2002）表 1 中 21 项基本项目和表 2 中 5 项补充项目，共 26 项；地下水饮用水水源地评价指标《地下水质量标准》（GB/T 14848—2017）中 23 项。

（4）土壤

评价依据《土壤环境质量 农用地土壤污染风险管控标准（试行）》（GB 15618—2018）。农村土壤环境质量评价指标分必测项目和选测项目两类，必测项目为 pH 值、阳离子交换量和镉、汞、砷、铅、铬等元素的全量，选测项目为根据当地实际情况增加的特征污染物。

1.7.2.2　农业面源污染遥感监测

目前，全国农业面源污染遥感监测评估采用 DPeRS 遥感面源污染估算模型（Diffuse Pollution estimation with Remote Sensing），对溶解态和颗粒态的总氮、总磷因子排放负荷和入河负荷进行估算，评价指标为总氮排放负荷和入河负荷、总磷排放负荷和入河负荷。

1.8　辐射

1.8.1　监测情况

2018 年，根据《全国辐射环境监测方案》，116 个地级及以上城市开展空气吸收剂量率在线连续监测，235 个地级及以上城市开展累积剂量监测，103 个地级及以上城市开展气溶胶监测，直辖市和省会城市开展沉降物、空气和降水中氚、气态放射性碘同位素监测，长江、黄河、珠江、松花江、淮河、海河、辽河七大流域和浙闽片河流、西北诸河、西南诸河及重点湖泊（水库）开展地表水监测，337 个地级及以上城市开展集中式饮用水水源地水监测，31 个城市开展地下水监测，沿海 11 个省份近岸海域开展海水监测，338 个地级及以上城市开展土壤监测，直辖市和省会城市开展电磁辐射监测。

1.8.2　评价方法和依据标准

辐射环境质量监测结果的评价采用与本底数据和相关标准限值比较的分析方法，评价依据《电离辐射防护与辐射源安全基本标准》（GB 18871—2002）、《电磁环境控制限值》

（GB 8702—2014）、《生活饮用水卫生标准》（GB 5749—2006）和《海水水质标准》（GB 3097—1997）。

1.9　气候变化

1.9.1　监测情况

通过单位国内生产总值（GDP）二氧化碳排放下降率监测单位国内生产总值二氧化碳排放变动趋势。

1.9.2　评价方法和依据标准

采用初步核算法计算 2018 年单位国内生产总值二氧化碳排放下降率，采用下列公式计算：

$$\gamma = \frac{I_{2017} - I_{2018}}{I_{2017}}$$

式中，γ —— 2018 年单位 GDP 二氧化碳排放下降率；

I_{2017} —— 2017 年单位 GDP 二氧化碳排放量；

I_{2018} —— 2018 年单位 GDP 二氧化碳排放量。

I_{2017} 采用下列公式计算：

$$I_{2017} = \frac{E_{2017}}{G_{2017}}$$

式中，E_{2017} —— 2017 年全国二氧化碳排放量；

G_{2017} —— 2017 年国内生产总值（按 2015 年价格计算）。

I_{2018} 采用下列公式计算：

$$I_{2018} = \frac{E_{2018}}{G_{2018}}$$

式中，E_{2018} —— 2018 年全国二氧化碳排放量；

G_{2018} —— 2018 年国内生产总值（按 2015 年价格计算）。

E_{2017} 采用下列公式计算：

$$E_{2017} = C_{2017} \times F_{c} + O_{2017} \times F_{o} + N_{2017} \times F_{n}$$

式中，C_{2017}、O_{2017} 和 N_{2017} —— 2017 年全国煤炭消费量、石油消费量和天然气消费量；

F_c、F_o 和 F_n —— 根据 2014 年国家温室气体清单结果计算得到的单位煤炭消费二氧化碳排放系数、单位石油消费二氧化碳排放系数和单位天然气消费二氧化碳排放系数。

E_{2018} 采用下列公式计算：

$$E_{2018} = C_{2018} \times F_c + O_{2018} \times F_o + N_{2018} \times F_n$$

式中，C_{2018}、O_{2018} 和 N_{2018} —— 2018 年全国煤炭消费量、石油消费量和天然气消费量。

1.10 污染源

1.10.1 监测情况

1.10.1.1 重点排污单位监督性监测

2018 年，全国各级环保行政主管部门共对 10 056 家重点排污单位废气排放、11 013 家重点排污单位废水排放、4 576 家城镇污水处理厂废水排放情况开展了监督性监测。

1.10.1.2 排污单位自行监测监督检查

2018 年，上下半年分别对全国 31 个省份共计 6 492 家次、5 880 家次重点排污单位进行自行监测监督检查。

1.10.1.3 固定污染源废气挥发性有机物（VOCs）监测

2018 年，根据《关于加强化工企业等重点排污单位 VOC 监测工作的通知》（环办监测函〔2018〕123 号）的安排，共对近 2000 家固定污染源开展了废气 VOCs 抽测工作。

1.10.2 评价方法和依据标准

1.10.2.1 重点排污单位监督性监测

按照排污单位所执行的排放（控制）标准进行评价，废水、废气分别评价，任意一次监测、任意一项指标超标则计入超标排污单位。

1.10.2.2 排污单位自行监测监督检查

对照每家企业的信息公开台账,访问信息公开网址进行联网检查,重点检查监测方案的合理性、监测信息公开的真实性和监测结果公开的及时性。按照《"十三五"节能减排综合工作方案》(国发〔2016〕74 号)的要求进行评价,企业自行监测结果公布率保持在90%以上。

1.10.2.3 固定污染源废气 VOCs 监测

按照排污单位所执行的排放(控制)标准进行评价,有组织废气、无组织废气分别评价,任意一次监测、任意一项指标超标则计入超标排污单位。

专栏:国家土壤环境监测网监测工作

2018 年,根据《关于印发〈2018 年全国生态环境监测工作要点〉和〈2018 年国家生态环境监测方案〉的通知》(环办监测函〔2018〕337 号)和《2018 年国家网土壤环境监测技术要求》(总站土字〔2018〕135 号),中国环境监测总站组织 31 个省份和兵团开展国家土壤环境监测网(土壤国家网)例行监测工作。

对土壤国家网 2 479 个背景点,按土壤表层(A 层)、心土层(B 层)和母质层(C层)开展分层样品采集和分析测试,测试项目包括理化指标、8 种常规重金属全量、53种非常规无机元素全量,土壤表层增测有机污染物(六六六、滴滴涕和多环芳烃)。

分别对全国土壤表层理化指标和有机污染物,土壤各发生层 8 种常规重金属及 53 种非常规无机元素全量开展数据统计和分析;对全国土壤背景点各元素含量开展变化趋势分析;对全国背景点位农用地进行质量评价。

对背景点中土地利用类型为农用地的点位(耕地、园地和牧草地),根据《土壤环境质量 农用地土壤污染风险管控标准》(GB 15618—2018)进行土壤环境质量评价。

表 1.10-1 农用地土壤污染风险筛选值(基本项目) 单位:mg/kg

序号	污染物项目[①②]		风险筛选值			
			pH≤5.5	5.5<pH≤6.5	6.5<pH≤7.5	pH>7.5
1	镉	水田	0.3	0.4	0.6	0.8
		其他	0.3	0.3	0.3	0.6
2	汞	水田	0.5	0.5	0.6	1.0
		其他	1.3	1.8	2.4	3.4
3	砷	水田	30	30	25	20
		其他	40	40	30	25

序号	污染物项目[①②]		风险筛选值			
			pH≤5.5	5.5<pH≤6.5	6.5<pH≤7.5	pH>7.5
4	铅	水田	80	100	140	240
		其他	70	90	120	170
5	铬	水田	250	250	300	350
		其他	150	150	200	250
6	铜	果园	150	150	200	200
		其他	50	50	100	100
7	镍		60	70	100	190
8	锌		200	200	250	300

注：①重金属和类金属砷均按元素总量计。

②对于水旱轮作地，采用其中较严格的风险筛选值。

表 1.10-2　农用地土壤污染风险筛选值（其他项目）　　　　单位：mg/kg

序号	污染物项目	风险筛选值
1	六六六总量[①]	0.10
2	滴滴涕总量[②]	0.10
3	苯并[*a*]芘	0.55

注：①六六六总量为 α-六六六、β-六六六、γ-六六六、δ-六六六 4 种异构体的含量总和。

②滴滴涕总量为 p,p'-滴滴伊、p,p'-滴滴滴、o,p'-滴滴涕、p,p'-滴滴涕四种衍生物的含量总和。

表 1.10-3　农用地土壤污染风险管制值　　　　单位：mg/kg

序号	污染物项目	风险管制值			
		pH≤5.5	5.5<pH≤6.5	6.5<pH≤7.5	pH>7.5
1	镉	1.5	2.0	3.0	4.0
2	汞	2.0	2.5	4.0	6.0
3	砷	200	150	120	100
4	铅	400	500	700	1 000
5	铬	800	850	1 000	1 300

第二篇

生态环境质量状况

2.1 空气

2.1.1 地级及以上城市

2.1.1.1 总体情况

2018 年，338 个地级及以上城市中有 121 个城市环境空气质量达标，占 35.8%，比上年上升 6.5 个百分点。217 个城市超标，占 64.2%，其中 190 个城市 $PM_{2.5}$ 超标，占 56.2%；146 个城市 PM_{10} 超标，占 43.2%；52 个城市 NO_2 超标，占 15.4%；117 个城市 O_3 超标，占 34.6%；1 个城市 CO 超标，占 0.3%；无城市 SO_2 超标。从污染物超标项数来看，1 项污染物超标的城市有 65 个，2 项污染物超标的城市有 53 个，3 项污染物超标的城市有 61 个，4 项污染物超标的城市有 38 个。

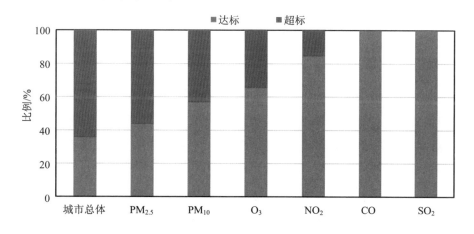

图 2.1-1 2018 年 338 个地级及以上城市空气质量达标/超标比例

若不扣除沙尘天气过程影响，338 个地级及以上城市中有 114 个城市环境空气质量达标，占 33.7%。224 个城市超标，占 66.3%，其中 202 个城市 $PM_{2.5}$ 超标，占 59.8%；162 个城市 PM_{10} 超标，占 47.9%。

表 2.1-1 2018 年各省份地级及以上城市空气质量达标/超标情况

省份	城市数量/个		超标城市比例/%	省份	城市数量/个		超标城市比例/%
	达标	超标			达标	超标	
北京	0	1	100.0	湖北	0	13	100.0
天津	0	1	100.0	湖南	5	9	64.3

省份	城市数量/个		超标城市比例/%	省份	城市数量/个		超标城市比例/%
	达标	超标			达标	超标	
河北	0	11	100.0	广东	11	10	47.6
山西	0	11	100.0	广西	6	8	57.1
内蒙古	6	6	50.0	海南	2	0	0.0
辽宁	3	11	78.6	重庆	0	1	100.0
吉林	7	2	22.2	四川	5	16	76.2
黑龙江	11	2	15.4	贵州	9	0	0.0
上海	0	1	100.0	云南	16	0	0.0
江苏	0	13	100.0	西藏	6	1	14.3
浙江	6	5	45.5	陕西	1	9	90.0
安徽	1	15	93.8	甘肃	4	10	71.4
福建	9	0	0.0	青海	6	2	25.0
江西	2	9	81.8	宁夏	0	5	100.0
山东	0	17	100.0	新疆	5	11	68.8
河南	0	17	100.0	总计	121	217	64.2

2.1.1.2 各省份环境空气质量状况

2018 年，河南、河北、山西等 17 个省份 $PM_{2.5}$ 年均浓度超过二级标准，山西、河南、河北等 13 个省份 PM_{10} 年均浓度超过二级标准，天津、河北、北京等 9 个省份 O_3 日最大 8 h 平均值第 90 百分位数浓度超过二级标准，天津、重庆、河北、北京和上海 5 个省份 NO_2 年均浓度超过二级标准，各省份 SO_2 年均浓度和 CO 日均值第 95 百分位数浓度均达到二级标准。

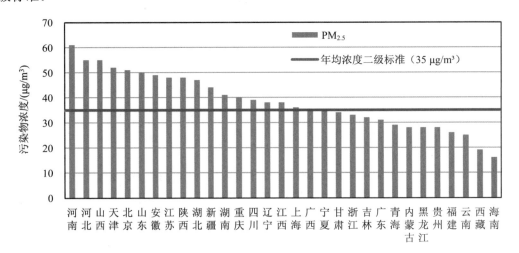

图 2.1-2　2018 年各省份 $PM_{2.5}$ 浓度比较

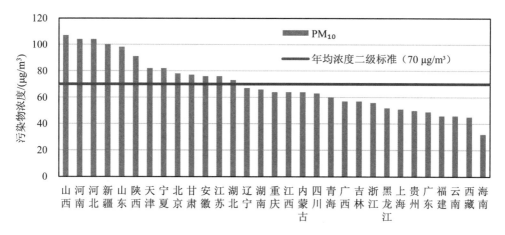

图 2.1-3 2018 年各省份 PM$_{10}$ 浓度比较

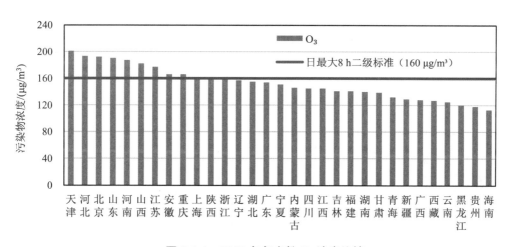

图 2.1-4 2018 年各省份 O$_3$ 浓度比较

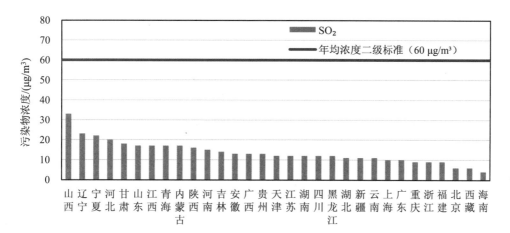

图 2.1-5 2018 年各省份 SO$_2$ 浓度比较

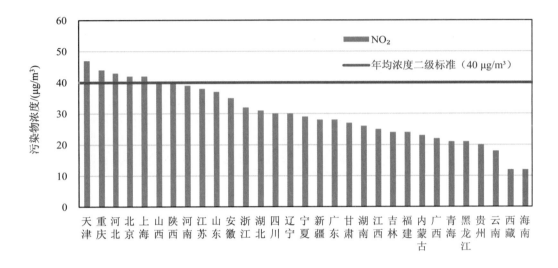

图 2.1-6 2018 年各省份 NO₂ 浓度比较

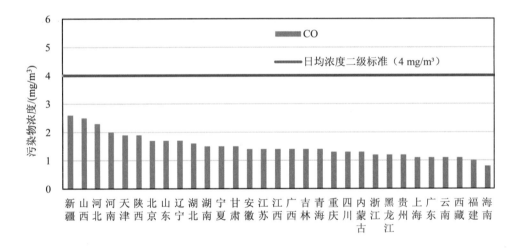

图 2.1-7 2018 年各省份 CO 浓度比较

2.1.1.3 主要污染物

（1）PM₂.₅

2018 年，地级及以上城市 PM₂.₅ 年均浓度达到一级标准的城市有 8 个，占 2.4%；达到二级标准的城市有 140 个，占 41.4%；超过二级标准的城市有 190 个，占 56.2%。PM₂.₅ 达标城市比例为 43.8%，比上年上升 8.0 个百分点。

表 2.1-2　PM$_{2.5}$ 年均浓度级别比例年际变化

PM$_{2.5}$ 年均浓度级别	地级及以上城市比例/%	
	2017 年	2018 年
一级	3.0	2.4
二级	32.8	41.4
超二级	64.2	56.2

地级及以上城市 PM$_{2.5}$ 年均浓度在 9～74 μg/m³ 之间，平均为 39 μg/m³，比上年下降 9.3%。年均浓度在 20～40 μg/m³ 范围内分布的城市比例最高，占 53.0%。日均值超标天数占监测天数的比例为 9.4%，比上年下降 3.0 个百分点。

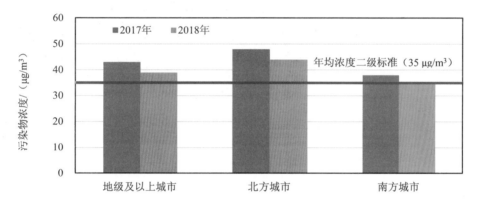

图 2.1-8　PM$_{2.5}$ 年均浓度年际变化[①]

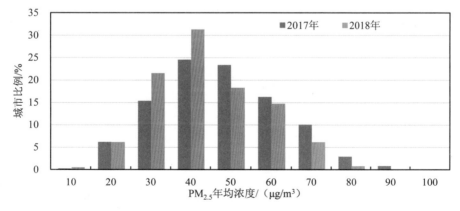

图 2.1-9　地级及以上城市 PM$_{2.5}$ 年均浓度区间分布年际变化

[①] 南北方划分主要以秦岭—淮河一线为主要分界线，同时考虑我国自然地理区划和行政区划，将西北五省、东北三省、华北五省、河南、山东所有地级及以上城市以及皖北 6 市、苏北 5 市划分为北方地区，共计 170 个地级及以上城市；将西南五省、华南三省、鄂湘、沪浙闽赣所有地级及以上城市以及安徽中南部 10 市、江苏中南部 8 市划分为南方地区，共计 168 个地级及以上城市。

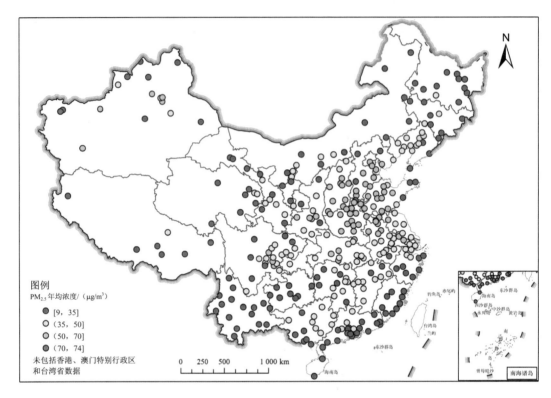

图 2.1-10　2018 年地级及以上城市 PM$_{2.5}$ 年均浓度分布示意

若不扣除沙尘天气过程影响，地级及以上城市 PM$_{2.5}$ 年均浓度达到一级标准的城市有 7 个（占 2.1%），达到二级标准的城市有 129 个（占 38.2%），超过二级标准的城市有 202 个（占 59.8%）。PM$_{2.5}$ 达标城市比例为 40.2%，比上年上升 7.4 个百分点。PM$_{2.5}$ 年均浓度在 9~120 μg/m^3 之间，平均为 41 μg/m^3，比上年下降 6.8%。

（2）PM$_{10}$

2018 年，地级及以上城市 PM$_{10}$ 年均浓度达到一级标准的城市有 24 个（占 7.1%），达到二级标准的城市有 168 个（占 49.7%），超过二级标准的城市有 146 个（占 43.2%）。PM$_{10}$ 达标城市比例为 56.8%，比上年上升 9.8 个百分点。

表 2.1-3　PM$_{10}$ 年均浓度级别比例年际变化

PM$_{10}$ 年均浓度级别	地级及以上城市比例/%	
	2017 年	2018 年
一级	6.5	7.1
二级	40.5	49.7
超二级	53.0	43.2

地级及以上城市 PM_{10} 年均浓度在 18～190 $\mu g/m^3$ 之间，平均为 71 $\mu g/m^3$，比上年下降
5.3%。年均浓度在 40～80 $\mu g/m^3$ 范围内分布的城市比例最高，占 65.7%。日均值超标天数
占监测天数的比例为 6.0%，比上年下降 1.1 个百分点。

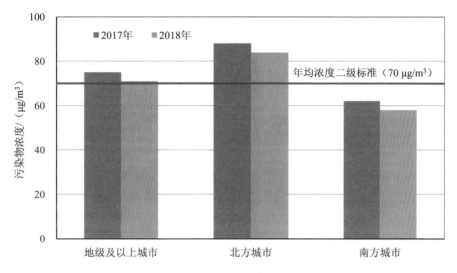

图 2.1-11　PM_{10} 年均浓度年际变化

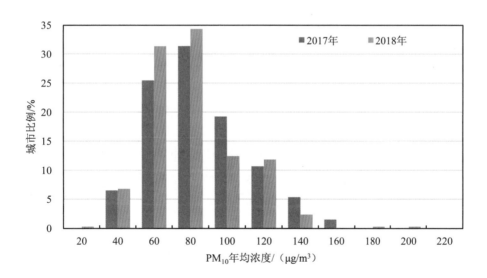

图 2.1-12　地级及以上城市 PM_{10} 年均浓度区间分布年际变化

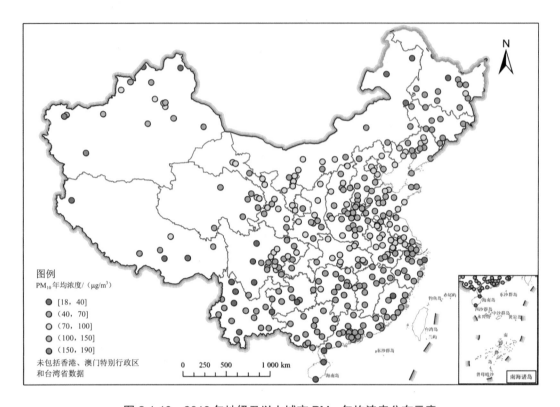

图 2.1-13　2018 年地级及以上城市 PM$_{10}$ 年均浓度分布示意

若不扣除沙尘天气过程影响，地级及以上城市 PM$_{10}$ 年均浓度达到一级标准的城市有 24 个（占 7.1%），达到二级标准的城市有 152 个（占 45.0%），超过二级标准的城市有 162 个（占 47.9%）。PM$_{10}$ 达标城市比例为 52.1%，比上年上升 8.0 个百分点。PM$_{10}$ 年均浓度在 18～456 μg/m^3 之间，平均为 78 μg/m^3，比上年下降 2.5%。

（3）O$_3$

2018 年，地级及以上城市 O$_3$ 日最大 8 h 平均值第 90 百分位数浓度达到一级标准的城市有 5 个（占 1.5%），达到二级标准的城市有 216 个（占 63.9%），超过二级标准的城市有 117 个（占 34.6%）。O$_3$ 达标城市比例为 65.4%，比上年下降 2.4 个百分点。

表 2.1-4　O$_3$ 日最大 8 h 平均值第 90 百分位数浓度级别比例年际变化

O$_3$ 日最大 8 h 平均值第 90 百分位数浓度级别	地级及以上城市比例/%	
	2017 年	2018 年
一级	2.4	1.5
二级	65.4	63.9
超二级	32.2	34.6

地级及以上城市 O_3 日最大 8 h 平均值第 90 百分位数浓度在 76～217 $\mu g/m^3$ 之间,平均为 151 $\mu g/m^3$,比上年上升 1.3%。浓度在 120～165 $\mu g/m^3$ 范围内分布的城市比例最高,占 61.2%。日均值超标天数占监测天数的比例为 8.4%,比上年上升 0.8 个百分点。

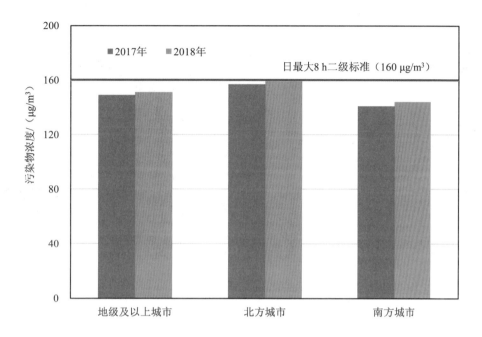

图 2.1-14　O_3 日最大 8 h 平均值第 90 百分位数浓度年际变化

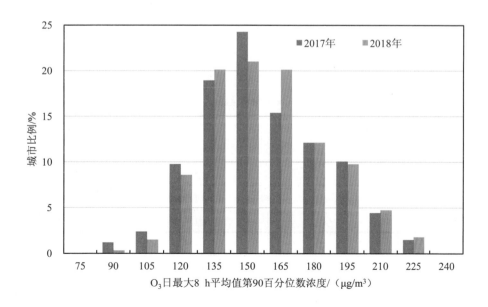

图 2.1-15　地级及以上城市 O_3 日最大 8 h 平均值第 90 百分位数浓度区间分布年际变化

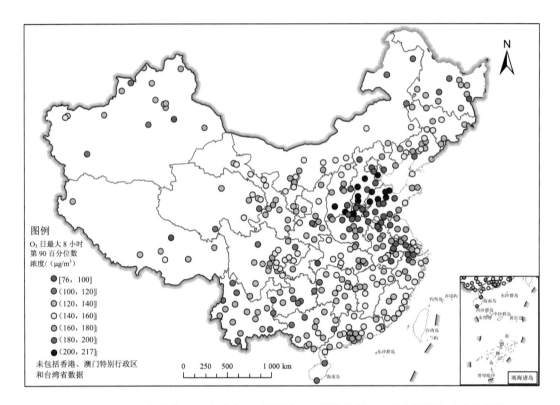

图 2.1-16　2018 年地级及以上城市 O_3 日最大 8 h 平均值第 90 百分位数浓度分布示意

（4）SO_2

2018 年，地级及以上城市 SO_2 年均浓度达到一级标准的城市有 285 个（占 84.3%），达到二级标准的城市有 53 个（占 15.7%），无超过二级标准城市。SO_2 达标城市比例为 100.0%，比上年上升 0.9 个百分点。

表 2.1-5　SO_2 年均浓度级别比例年际变化

SO_2 年均浓度级别	地级及以上城市比例/%	
	2017 年	2018 年
一级	71.3	84.3
二级	27.8	15.7
超二级	0.9	0.0

地级及以上城市 SO_2 年均浓度在 3~46 μg/m³ 之间，平均为 14 μg/m³，比上年下降 22.2%。年均浓度在 0~20 μg/m³ 范围内分布的城市比例最高，占 84.3%。日均值超标天数占监测天数的比例不足 0.1%，比上年下降 0.3 个百分点。

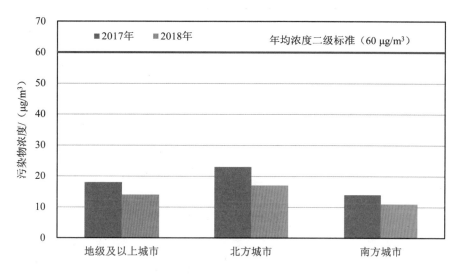

图 2.1-17 SO$_2$ 年均浓度年际变化

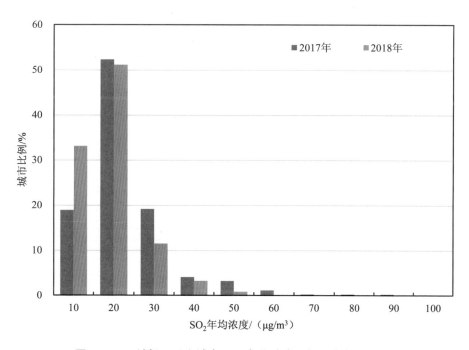

图 2.1-18 地级及以上城市 SO$_2$ 年均浓度区间分布年际变化

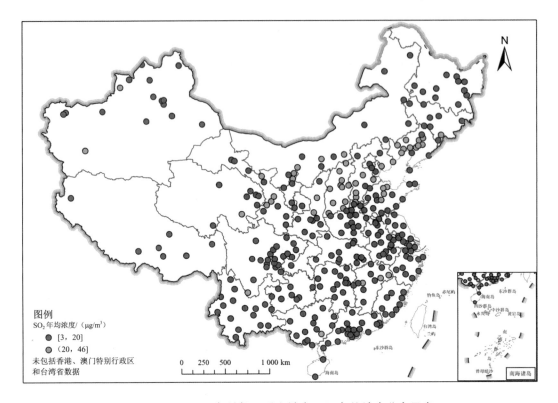

图 2.1-19　2018 年地级及以上城市 SO_2 年均浓度分布示意

（5）NO_2

2018 年，地级及以上城市 NO_2 年均浓度达到一级/二级标准的城市有 286 个（占 84.6%），达标城市比例比上年上升 4.5 个百分点；超过二级标准的城市有 52 个（占 15.4%）。

表 2.1-6　NO_2 年均浓度级别比例年际变化

NO_2 年均浓度级别	地级及以上城市比例/%	
	2017 年	2018 年
一级/二级	80.1	84.6
超二级	19.9	15.4

地级及以上城市 NO_2 年均浓度在 7～56 $\mu g/m^3$ 之间，平均为 29 $\mu g/m^3$，比上年下降 6.5%。年均浓度在 25～35 $\mu g/m^3$ 范围内分布的城市比例最高，占 49.8%。日均值超标天数占监测天数的比例为 1.2%，比上年下降 0.3 个百分点。

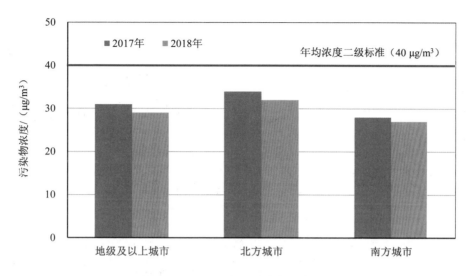

图 2.1-20　NO₂ 年均浓度年际变化

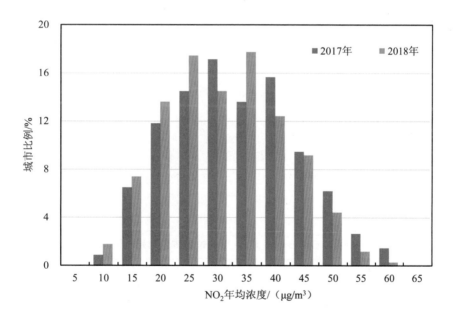

图 2.1-21　地级及以上城市 NO₂ 年均浓度区间分布年际变化

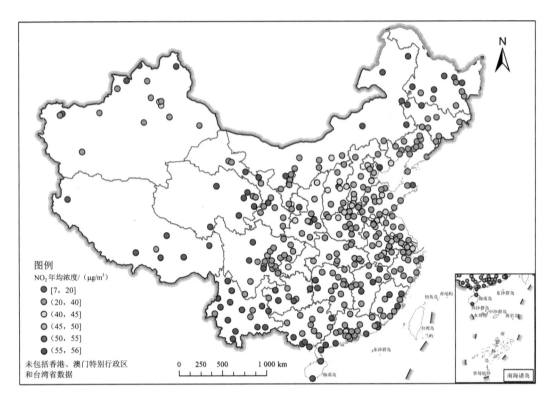

图 2.1-22　2018 年地级及以上城市 NO_2 年均浓度分布示意

（6）CO

2018 年，地级及以上城市 CO 日均值第 95 百分位数浓度达到一级/二级标准的城市有 337 个（占 99.7%），达标城市比例比上年上升 0.9 个百分点；超过二级标准的城市有 1 个（占 0.3%）。

表 2.1-7　CO 日均值第 95 百分位数浓度级别比例年际变化

CO 日均值第 95 百分位数浓度级别	地级及以上城市比例/%	
	2017 年	2018 年
一级/二级	98.8	99.7
超二级	1.2	0.3

地级及以上城市 CO 日均值第 95 百分位数浓度在 0.6～4.9 mg/m³ 之间，平均为 1.5 mg/m³，比上年下降 11.8%。浓度在 0.8～1.6 mg/m³ 范围内分布的城市比例最高，占 67.1%。日均值超标天数占监测天数的比例为 0.1%，比上年下降 0.2 个百分点。

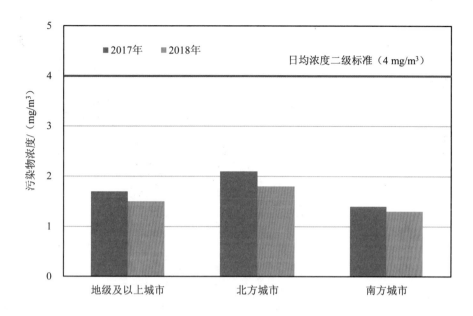

图 2.1-23　CO 日均值第 95 百分位数浓度年际变化

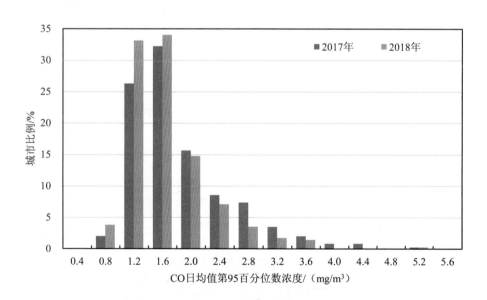

图 2.1-24　地级及以上城市 CO 日均值第 95 百分位数浓度区间分布年际变化

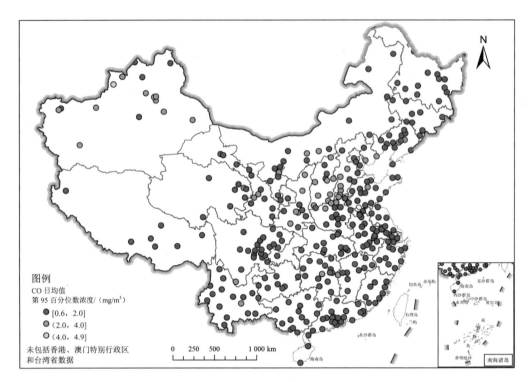

图 2.1-25　2018 年地级及以上城市 CO 日均值 95 百分位数浓度分布示意

2.1.1.4　首要污染物及影响

2018 年,338 个地级及以上城市达标天数比例在 13.7%～100.0% 之间,平均为 79.3%,比上年上升 1.3 个百分点;平均超标天数比例为 20.7%。

黔西南、丽江、楚雄等 7 个城市达标天数比例为 100%,阿坝、昌都、曲靖等 186 个城市达标天数比例大于等于 80% 且小于 100%,资阳、南通、武威等 120 个城市达标天数比例大于等于 50% 且小于 80%,和田、喀什、克州等 25 个城市达标天数比例小于 50%。

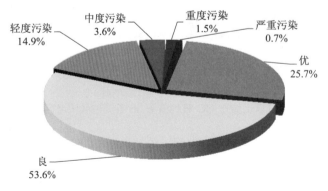

图 2.1-26　2018 年地级及以上城市空气质量状况

　　338 个地级及以上城市共出现空气污染 25 527 天次，其中轻度污染、中度污染、重度污染和严重污染分别占 71.9%、17.4%、7.4% 和 3.2%。以 $PM_{2.5}$、O_3、PM_{10} 和 NO_2 为首要污染物的超标天数分别占总超标天数的 41.2%、38.9%、19.4% 和 0.9%，以 SO_2 和 CO 为首要污染物的均不足 0.1%。338 个地级及以上城市发生重度污染 1 899 天次，比上年减少 412 天；严重污染 822 天次，比上年增加 20 天。以 $PM_{2.5}$ 为首要污染物的天数占重度及以上污染天数的 60.0%，以 PM_{10} 为首要污染物的占 37.2%，以 O_3 为首要污染物的占 3.6%。

表 2.1-8　2018 年 338 个地级及以上城市超标情况（保留沙尘）

污染等级	首要污染物	累计超标天数/d	出现城市数/个
轻度污染	$PM_{2.5}$	6 756	301
	PM_{10}	3 038	244
	O_3	8 397	310
	SO_2	9	2
	NO_2	222	57
	CO	5	3
中度污染	$PM_{2.5}$	2 122	242
	PM_{10}	896	156
	O_3	1 431	171
	SO_2	0	0
	NO_2	0	0
	CO	0	0
重度污染	$PM_{2.5}$	1 443	179
	PM_{10}	358	111
	O_3	99	54
	SO_2	0	0
	NO_2	0	0
	CO	0	0
严重污染	$PM_{2.5}$	189	61
	PM_{10}	653	95
	O_3	0	0
	SO_2	0	0
	NO_2	0	0
	CO	0	0

受局地排放和气候因素影响，地级及以上城市 1 月、6 月和 12 月超标天数较多，分别占全年总超标天数的 12.9%、11.0% 和 10.1%；7 月、8 月和 9 月超标天数较少，分别占 5.2%、6.1% 和 3.8%。

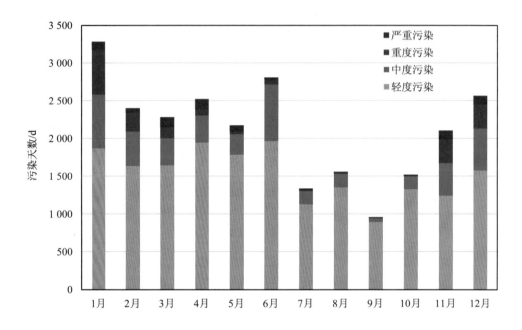

图 2.1-27　2018 年地级及以上城市超标天数月际变化

2.1.1.5　典型重污染过程分析

2018 年，全国共出现重度及以上污染 2 721 天次，比上年减少 392 天次，其中以 $PM_{2.5}$、PM_{10} 和 O_3 为首要污染物的占比分别为 60.0%、37.2% 和 3.6%。1—2 月、11—12 月重污染发生频次较多，主要由不利气象条件下区域污染排放负荷较大导致。

（1）2018 年 1—2 月重污染过程

2018 年 1—2 月，全国发生多次大范围区域性重污染过程，其中 2018 年 1 月 13—22 日重污染过程较为典型，影响范围包括京津冀及周边地区、长三角地区、汾渭平原、长江中游地区、成渝地区，1 月 19 日全国有 79 个城市达到重度及以上污染级别，$PM_{2.5}$ 最大日均浓度为 368 μg/m³，PM_{10} 最大日均浓度为 461 μg/m³。受烟花爆竹集中燃放的叠加影响，2 月 16 日（春节）全国共有 69 个城市达到重度及以上污染级别。

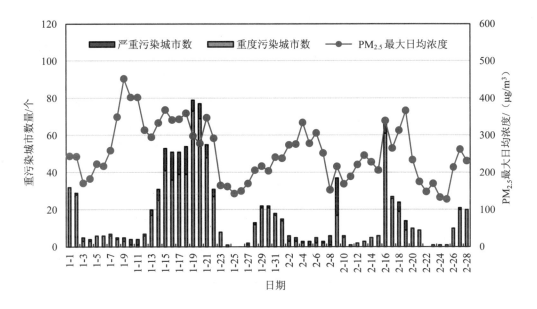

图 2.1-28　2018 年 1—2 月全国重污染城市数和 PM$_{2.5}$ 最大日均浓度逐日变化

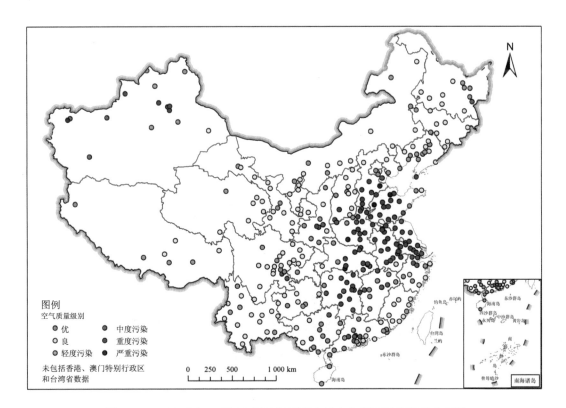

图 2.1-29　2018 年 1 月 19 日地级及以上城市空气质量状况分布示意

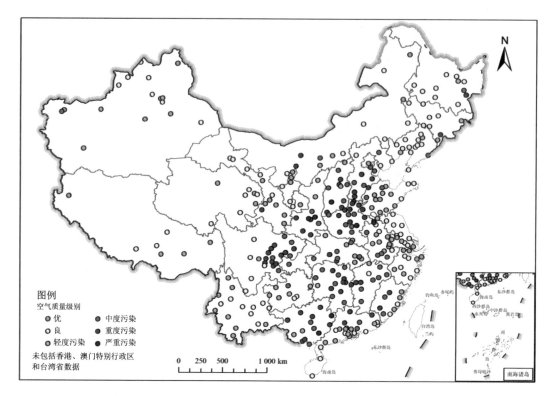

图 2.1-30　2018 年 2 月 16 日地级及以上城市空气质量状况分布示意

（2）2018 年 11—12 月重污染过程

2018 年 11 月 24 日—12 月 3 日，全国发生大范围区域性重污染过程，其中 11 月 26 日和 12 月 2 日全国分别有 73 个和 71 个城市达到重度及以上污染级别，影响范围包括京津冀及周边地区、东北地区、长三角地区、湖北、湖南、成渝地区，PM$_{2.5}$ 最大日均浓度为 386 μg/m^3。

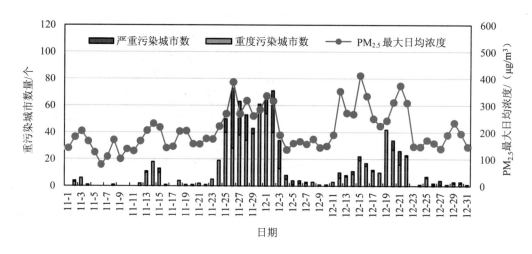

图 2.1-31　2018 年 11—12 月全国重污染城市数和 PM$_{2.5}$ 最大日均浓度逐日变化

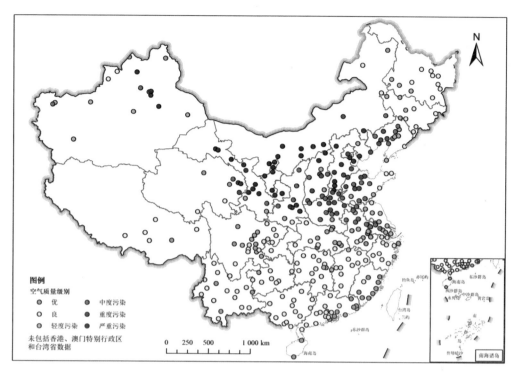

图 2.1-32　2018 年 11 月 26 日地级及以上城市空气质量状况分布示意

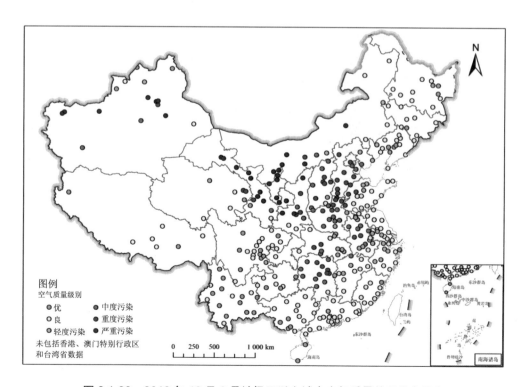

图 2.1-33　2018 年 12 月 2 日地级及以上城市空气质量状况分布示意

2.1.2 169 个城市[①]

2.1.2.1 总体情况

2018 年，按照环境空气质量综合指数评价，169 个城市中，环境空气质量相对较差的20 个城市（从第 169 名到第 150 名）依次为临汾、石家庄、邢台、唐山、邯郸、安阳、太原、保定、咸阳、晋城、焦作、西安、新乡、阳泉、运城、晋中、淄博、郑州、莱芜和渭南，空气质量相对较好的 20 个城市（从第 1 名到第 20 名）依次为海口、黄山、舟山、拉萨、丽水、深圳、厦门、福州、惠州、台州、珠海、贵阳、中山、雅安、大连、昆明、温州、衢州、咸宁和南宁。

169 个城市中，海口、黄山、舟山、拉萨、丽水等 20 个城市空气质量达标，占 11.8%；149 个城市超标，占 88.2%。其中，140 个城市 $PM_{2.5}$ 超标，占 82.8%；110 个城市 PM_{10} 超标，占 65.1%；49 个城市 NO_2 超标，占 29.0%；107 个城市 O_3 超标，占 63.3%；所有城市 CO 和 SO_2 均达标。从污染物超标项数来看，1 项污染物超标的城市有 23 个，2 项污染物超标的城市有 33 个，3 项污染物超标的城市有 55 个，4 项污染物超标的城市有 38 个。

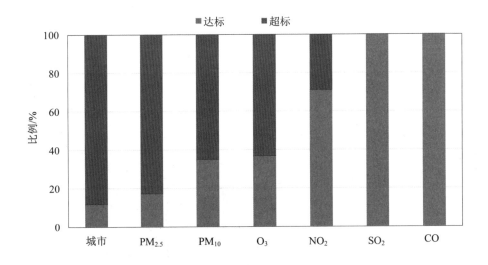

图 2.1-34　2018 年 169 个城市空气质量达标/超标比例

与上年相比，空气质量达标城市增加 6 个，$PM_{2.5}$ 达标城市增加 9 个，PM_{10} 达标城市增加 20 个，NO_2 达标城市增加 13 个，SO_2 达标城市增加 3 个，CO 达标城市增加 3 个，

[①] 2018 年 7 月，生态环境部将空气质量状况排名城市范围从原有的 74 个重点城市扩大至 169 个地级及以上城市（简称 169 个城市），包括京津冀及周边地区 55 个城市、长三角地区 41 个城市、汾渭平原 11 个城市、成渝地区 16 个城市、长江中游城市群 22 个城市、珠三角地区 9 个城市，以及其他省会城市和计划单列市 15 个城市。

O$_3$达标城市减少 8 个。

若不扣除沙尘天气过程影响,169 个城市中有 20 个城市环境空气质量达标,占 11.8%。149 个城市超标,占 88.2%,其中 140 个城市 PM$_{2.5}$ 超标,占 82.8%;116 个城市 PM$_{10}$ 超标,占 68.6%。

2.1.2.2 首要污染物及影响

2018 年,169 个城市空气质量达标天数比例在 37.8%～98.9%之间,平均为 70.0%,比上年上升 1.7 个百分点,平均超标天数比例为 30.0%。昆明、厦门、黄山等 48 个城市达标天数比例大于等于 80%且小于 100%,资阳、南通、随州等 100 个城市达标天数比例大于等于 50%且小于 80%,临汾、石家庄、咸阳等 21 个城市达标天数比例小于 50%。

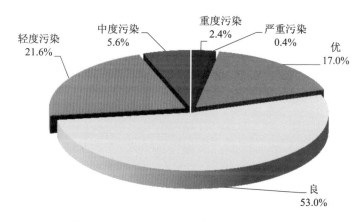

图 2.1-35 2018 年 169 个城市空气质量状况

169 个城市空气质量共超标 18 492 天次。其中,以 PM$_{2.5}$、O$_3$、PM$_{10}$ 和 NO$_2$ 为首要污染物的超标天数分别占总超标天数的 44.1%、43.5%、11.6%和 1.1%,以 SO$_2$ 和 CO 为首要污染物的均不足 0.1%。

表 2.1-9 2018 年 169 个城市超标情况

污染等级	首要污染物	累计超标天数/d	出现城市数/个
轻度污染	PM$_{2.5}$	5 043	166
	PM$_{10}$	1 523	141
	O$_3$	6 624	167
	SO$_2$	3	1
	NO$_2$	204	52
	CO	3	2

污染等级	首要污染物	累计超标天数/d	出现城市数/个
中度污染	PM$_{2.5}$	1 739	152
	PM$_{10}$	364	94
	O$_3$	1 339	134
	SO$_2$	0	0
	NO$_2$	0	0
	CO	0	0
重度污染	PM$_{2.5}$	1 236	133
	PM$_{10}$	140	63
	O$_3$	88	47
	SO$_2$	0	0
	NO$_2$	0	0
	CO	0	0
严重污染	PM$_{2.5}$	134	48
	PM$_{10}$	113	48
	O$_3$	0	0
	SO$_2$	0	0
	NO$_2$	0	0
	CO	0	0

1月和6月超标天数较多，分别占 12.4%和 12.1%；7 月、9 月和 10 月超标天数较少，分别占 5.6%、4.0%和 5.6%。

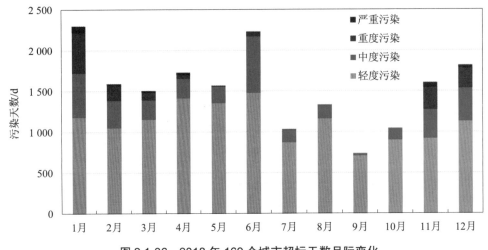

图 2.1-36 2018 年 169 个城市超标天数月际变化

2.1.2.3 各项污染物

（1）$PM_{2.5}$

2018 年，169 个城市 $PM_{2.5}$ 年均浓度在 18～74 μg/m³ 之间，平均为 47 μg/m³，比上年下降 9.6%；日均值超标天数占监测天数的比例为 14.3%，比上年下降 3.7 个百分点。$PM_{2.5}$ 年均浓度达到二级标准的城市有 29 个，占 17.2%；超过二级标准的城市有 140 个，占 82.8%。与上年相比，11 个城市 $PM_{2.5}$ 浓度达标情况发生变化，西宁由达标变为不达标，10 个城市由不达标变为达标。

若不扣除沙尘天气过程影响，$PM_{2.5}$ 年均浓度在 18～75 μg/m³ 之间，平均为 48 μg/m³，比上年下降 9.4%。日均值超标天数占监测天数的比例为 15.0%，比上年下降 3.9 个百分点。$PM_{2.5}$ 年均浓度达到二级标准的城市有 29 个，占 17.2%；超过二级标准的城市有 140 个，占 82.8%。

（2）PM_{10}

2018 年，169 个城市 PM_{10} 年均浓度在 35～135 μg/m³ 之间，平均为 81 μg/m³，比上年下降 8.0%；日均值超标天数占监测天数的比例为 8.5%，比上年下降 1.8 个百分点。PM_{10} 年均浓度达到一级标准的城市有 2 个，占 1.2%；达到二级标准的城市有 57 个，占 33.7%；超过二级标准的城市有 110 个，占 65.1%。与上年相比，22 个城市 PM_{10} 浓度达标情况发生变化，其中 1 个城市由达标变为不达标，21 个城市由不达标变为达标。

若不扣除沙尘天气过程影响，PM_{10} 年均浓度在 35～140 μg/m³ 之间，平均为 85 μg/m³，比上年下降 6.6%。日均值超标天数占监测天数的比例为 10.6%，比上年下降 1.3 个百分点。PM_{10} 年均浓度达到一级标准的城市有 2 个，占 1.2%；达到二级标准的城市有 51 个，占 30.2%；超过二级标准的城市有 116 个，占 68.6%。

（3）O_3

2018 年，169 个城市 O_3 日最大 8 h 平均值第 90 百分位数浓度在 98～217 μg/m³ 之间，平均为 169 μg/m³，比上年上升 1.2%；超标天数占监测天数的比例为 13.7%，比上年上升 1.4 个百分点。O_3 日最大 8 h 平均值第 90 百分位数浓度达到一级标准的城市有 1 个，占 0.6%；达到二级标准的城市有 61 个，占 36.1%；超过二级标准的城市有 107 个，占 63.3%。与上年相比，26 个城市 O_3 浓度达标情况发生变化，其中 17 个城市由达标变为不达标，9 个城市由不达标变为达标。

（4）SO_2

2018 年，169 个城市 SO_2 年均浓度在 5～46 μg/m³ 之间，平均为 15 μg/m³，比上年下降 28.6%；日均值超标天数占监测天数的比例为 0.1%，比上年下降 0.4 个百分点。SO_2 年均浓度达到一级标准的城市有 137 个，占 81.1%；达到二级标准的城市有 32 个，占 18.9%；无超过二级标准城市。与上年相比，临汾、晋中和吕梁 3 个城市 SO_2 年均浓度由不达标变为达标。

（5）NO$_2$

2018 年，169 个城市 NO$_2$ 年均浓度在 14～56 μg/m^3 之间，平均为 36 μg/m^3，比上年下降 5.3%；日均值超标天数占监测天数的比例为 2.3%，比上年下降 0.4 个百分点。NO$_2$ 年均浓度达到一级/二级标准的城市有 120 个，占 71.0%；超过二级标准的城市有 49 个，占 29.0%。15 个城市 NO$_2$ 浓度达标情况发生变化，其中临汾由达标变为不达标，14 个城市由不达标变为达标。

（6）CO

2018 年，169 个城市 CO 日均值第 95 百分位数浓度在 0.8～3.6 mg/m^3 之间，平均为 1.6 mg/m^3，比上年下降 15.8%；日均值超标天数占监测天数的比例为 0.1%，比上年下降 0.3 个百分点。所有城市 CO 日均值第 95 百分位数浓度均达到一级/二级标准。与上年相比，安阳、临汾和晋城 3 个城市 CO 浓度由不达标变为达标。

2.1.3 重点区域

2.1.3.1 总体状况

2018 年，京津冀及周边地区"2+26"城市[①]、汾渭平原[②]所有城市环境空气质量均未达标，长三角地区[③]有 7 个城市环境空气质量达标，珠三角地区[④]有 2 个城市环境空气质量达标。

表 2.1-10　2018 年重点区域各项污染物达标城市数量　　　　单位：个

区域	城市总数	SO$_2$达标城市数	NO$_2$达标城市数	PM$_{10}$达标城市数	CO达标城市数	O$_3$达标城市数	PM$_{2.5}$达标城市数	全部达标城市数
"2+26"城市	28	28	10	0	28	0	0	0
长三角地区	41	41	30	20	41	12	8	7
汾渭平原	11	11	4	0	11	1	0	0
珠三角地区	9	9	7	9	9	3	7	2

① 京津冀及周边地区"2+26"城市统计范围包含北京，天津，河北省石家庄、唐山、邯郸、邢台、保定、沧州、廊坊、衡水，山西省太原、阳泉、长治、晋城，山东省济南、淄博、济宁、德州、聊城、滨州、菏泽，河南省郑州、开封、安阳、鹤壁、新乡、焦作、濮阳，简称"2+26"城市。
② 汾渭平原统计范围包含山西省晋中、运城、临汾、吕梁，河南省洛阳、三门峡，陕西省西安、铜川、宝鸡、咸阳、渭南。
③ 长三角地区包含上海和江苏、浙江、安徽的所有地级市。
④ 珠三角地区包含广州、深圳、佛山、东莞、中山、珠海、江门、肇庆、惠州。

"2+26"城市、长三角地区、汾渭平原和珠三角地区达标天数比例分别为 50.5%、74.1%、54.3% 和 85.4%，重度及以上污染天数比例分别为 6.0%、1.9%、5.3% 和 0.2%。与上年相比，"2+26"城市、长三角地区、汾渭平原和珠三角地区达标天数比例分别上升 1.2 个、2.5 个、2.2 个和 0.9 个百分点。

表 2.1-11　2018 年重点区域各级别天数比例　　　　　　　　　　　　单位：%

区域	优	良	轻度污染	中度污染	重度污染	严重污染
"2+26"城市	4.4	46.1	32.0	11.5	5.2	0.8
长三角地区	20.3	53.8	19.5	4.5	1.9	不足 0.1
汾渭平原	5.0	49.3	31.0	9.4	4.2	1.1
珠三角地区	36.0	49.4	11.9	2.5	0.2	0.0

"2+26"城市以 $PM_{2.5}$、O_3、PM_{10} 和 NO_2 为首要污染物的超标天数分别占总超标天数的 40.7%、46.0%、12.8% 和 0.8%，长三角地区以 $PM_{2.5}$、O_3、PM_{10} 和 NO_2 为首要污染物的超标天数分别占总超标天数的 44.3%、49.3%、4.5% 和 2.2%，汾渭平原以 $PM_{2.5}$、O_3、PM_{10}、NO_2 和 SO_2 为首要污染物的超标天数分别占总超标天数的 44.7%、36.4%、18.7%、0.5% 和 0.2%，珠三角地区以 O_3、$PM_{2.5}$ 和 NO_2 为首要污染物的天数分别占污染总天数的 75.4%、19.0% 和 6.0%。

表 2.1-12　2018 年重点区域超标天数中首要污染物比例　　　　　　　单位：%

区域	$PM_{2.5}$	PM_{10}	O_3	SO_2	NO_2	CO
"2+26"城市	40.7	12.8	46.0	0.0	0.8	不足 0.1
长三角地区	44.3	4.5	49.3	0.0	2.2	0.0
汾渭平原	44.7	18.7	36.4	0.2	0.5	0.0
珠三角地区	19.0	0.0	75.4	0.0	6.0	0.0

"2+26"城市 6 月达标天数比例最低，仅为 16.7%；9 月和 10 月达标天数比例较高，分别为 79.2% 和 67.7%。长三角地区 1 月和 6 月达标天数比例较低，分别为 55.9% 和 58.4%；7 月和 8 月达标天数比例较高，分别为 85.7% 和 83.0%。汾渭平原 1 月和 6 月达标天数比例较低，分别为 29.6% 和 36.7%；9 月和 10 月达标天数比例较高，分别为 90.3% 和 83.9%。珠三角地区 10 月和 1 月达标天数比例较低，分别为 66.7% 和 71.0%，12 月达标天数比例较高，为 95.3%。

2018 年，各重点区域 $PM_{2.5}$ 和 PM_{10} 浓度均在 1 月最高，"2+26"城市分别为 93 μg/m³ 和 141 μg/m³，长三角地区分别为 79 μg/m³ 和 102 μg/m³，汾渭平原分别为 115 μg/m³ 和

168 μg/m³，珠三角地区分别为 53 μg/m³ 和 74 μg/m³；8 月和 9 月相对较低。

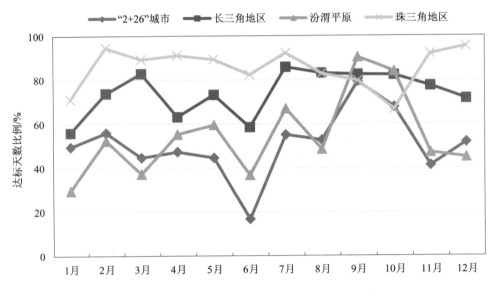

图 2.1-37　2018 年重点区域达标天数比例月际变化

　　若不扣除沙尘天气过程影响，各重点区域 PM$_{2.5}$ 和 PM$_{10}$ 浓度在 1 月最高，"2+26" 城市分别为 93 μg/m³ 和 141 μg/m³，长三角地区分别为 80 μg/m³ 和 103 μg/m³，汾渭平原分别为 115 μg/m³ 和 168 μg/m³，珠三角地区分别为 53 μg/m³ 和 74 μg/m³；8 月和 9 月相对较低。

　　"2+26" 城市、长三角地区、汾渭平原 O$_3$ 日最大 8 h 平均值第 90 百分位数浓度 6 月较高，分别为 250 μg/m³、204 μg/m³ 和 212 μg/m³；12 月较低，分别为 61 μg/m³、71 μg/m³ 和 59 μg/m³。珠三角地区 O$_3$ 日最大 8 h 平均值第 90 百分位数浓度 10 月较高，12 月较低，分别为 200 μg/m³ 和 107 μg/m³。

　　"2+26" 城市、汾渭平原 SO$_2$ 浓度 1 月最高，分别为 34 μg/m³ 和 56 μg/m³；7 月最低，分别为 10 μg/m³ 和 9 μg/m³。长三角地区各月 SO$_2$ 浓度在 9～16 μg/m³ 之间，珠三角地区各月 SO$_2$ 浓度在 7～13 μg/m³ 之间。

　　"2+26" 城市、汾渭平原 NO$_2$ 浓度 11 月最高，分别为 62 μg/m³ 和 57 μg/m³；7 月最低，分别为 24 μg/m³ 和 24 μg/m³。长三角地区 1 月 NO$_2$ 浓度最高，8 月最低，分别为 49 μg/m³ 和 19 μg/m³；珠三角地区 1 月 NO$_2$ 浓度最高，7 月最低，分别为 56 μg/m³ 和 23 μg/m³。

　　"2+26" 城市、汾渭平原 CO 日均值第 95 百分位数浓度 1 月最高，分别为 3.1 mg/m³ 和 3.3 mg/m³；6 月和 7 月最低，在 1.3 mg/m³ 左右。长三角地区和珠三角地区 CO 日均值第 95 百分位数浓度月际变化相对不明显，各月浓度分别在 0.8～1.7 mg/m³ 和 0.7～1.4 mg/m³ 之间。

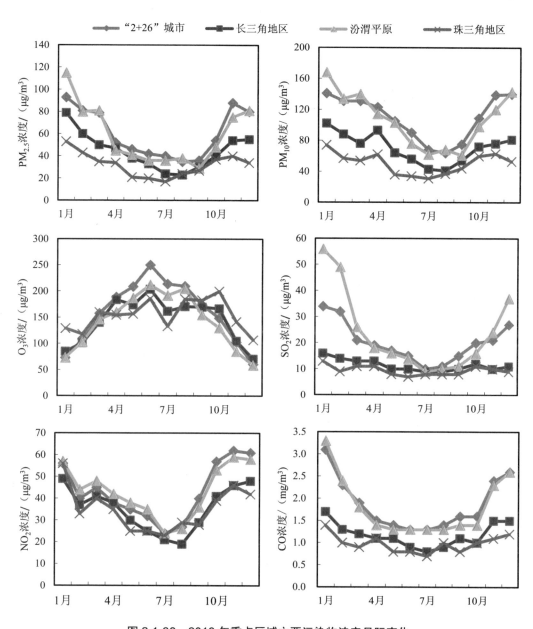

图 2.1-38　2018 年重点区域主要污染物浓度月际变化

2.1.3.2　"2+26" 城市

2018 年，"2+26" 城市空气质量达标天数比例范围为 41.4%~62.2%，平均为 50.5%，比上年上升 1.2 个百分点。北京、廊坊、济宁等 14 个城市达标天数比例大于等于 50% 且小于 80%，石家庄、保定、邢台等 14 个城市达标天数比例小于 50%。

"2+26" 城市 $PM_{2.5}$ 平均浓度为 60 $\mu g/m^3$，比上年下降 11.8%；PM_{10} 平均浓度为 109 $\mu g/m^3$，

比上年下降 9.2%；O_3 日最大 8 h 平均值第 90 百分位数浓度平均为 199 $\mu g/m^3$，比上年上升 0.5%；SO_2 平均浓度为 20 $\mu g/m^3$，比上年下降 31.0%；NO_2 平均浓度为 43 $\mu g/m^3$，比上年下降 8.5%；CO 日均值第 95 百分位数浓度平均为 2.2 mg/m^3，比上年下降 24.1%。

北京达标天数比例为 62.2%，比上年上升 0.3 个百分点。出现重度污染 14 天、严重污染 1 天，重度及以上污染天数比上年减少 9 天。

若不扣除沙尘天气过程影响，"2+26" 城市 $PM_{2.5}$ 平均浓度为 61 $\mu g/m^3$，比上年下降 12.9%；PM_{10} 平均浓度为 115 $\mu g/m^3$，比上年下降 8.0%。

2.1.3.3　长三角地区

2018 年，长三角地区 41 个城市空气质量达标天数比例范围为 56.2%～98.4%，平均为 74.1%，比上年上升 2.5 个百分点。黄山、丽水、温州等 11 个城市达标天数比例大于等于 80% 且小于 100%，南通、池州、绍兴等 30 个城市达标天数比例大于等于 50% 且小于 80%。

长三角地区 $PM_{2.5}$ 平均浓度为 44 $\mu g/m^3$，比上年下降 10.2%；PM_{10} 平均浓度为 70 $\mu g/m^3$，比上年下降 10.3%；O_3 日最大 8 h 平均值第 90 百分位数浓度平均为 167 $\mu g/m^3$，比上年上升 0.6%；SO_2 平均浓度为 11 $\mu g/m^3$，比上年下降 26.7%；NO_2 平均浓度为 35 $\mu g/m^3$，比上年下降 5.4%；CO 日均值第 95 百分位数浓度平均为 1.3 mg/m^3，比上年下降 7.1%。

上海达标天数比例为 81.1%，比上年上升 5.8 个百分点。出现重度污染 3 天，未出现严重污染，重度及以上污染天数比上年增加 1 天。

若不扣除沙尘天气过程影响，长三角地区 $PM_{2.5}$ 平均浓度为 45 $\mu g/m^3$，比上年下降 8.2%；PM_{10} 平均浓度为 72 $\mu g/m^3$，比上年下降 8.9%。

2.1.3.4　汾渭平原

2018 年，汾渭平原 11 个城市空气质量达标天数比例范围为 37.8%～69.3%，平均为 54.3%，比上年上升 2.2 个百分点。宝鸡、吕梁、铜川等 6 个城市达标天数比例大于等于 50% 且小于 80%，临汾、咸阳、运城等 5 个城市达标天数比例小于 50%。

汾渭平原 $PM_{2.5}$ 平均浓度为 58 $\mu g/m^3$，比上年下降 10.8%；PM_{10} 平均浓度为 106 $\mu g/m^3$，比上年下降 7.0%；O_3 日最大 8 h 平均值第 90 百分位数浓度平均为 180 $\mu g/m^3$，比上年下降 2.7%；SO_2 平均浓度为 24 $\mu g/m^3$，比上年下降 36.8%；NO_2 平均浓度为 43 $\mu g/m^3$，比上年下降 4.4%；CO 日均值第 95 百分位数浓度平均为 2.3 mg/m^3，比上年下降 14.8%。

若不扣除沙尘天气过程影响，汾渭平原 $PM_{2.5}$ 平均浓度为 60 $\mu g/m^3$，比上年下降 11.8%；PM_{10} 平均浓度为 116 $\mu g/m^3$，比上年下降 4.1%。

2.1.3.5　珠三角地区

2018 年，珠三角地区 9 个城市空气质量达标天数比例范围为 80.3%～94.5%，平均为 85.4%，比上年上升 0.9 个百分点。9 个城市达标天数比例均大于等于 80%。

珠三角地区 $PM_{2.5}$ 平均浓度为 32 μg/m³，比上年下降 5.9%；PM_{10} 平均浓度为 50 μg/m³，比上年下降 5.7%；O_3 日最大 8 h 平均值第 90 百分位数浓度平均为 164 μg/m³，比上年下降 0.6%；SO_2 平均浓度为 9 μg/m³，比上年下降 18.2%；NO_2 平均浓度为 35 μg/m³，比上年下降 5.4%；CO 日均值第 95 百分位数浓度平均为 1.1 mg/m³，比上年下降 8.3%。

若不扣除沙尘天气过程影响，珠三角地区 $PM_{2.5}$ 平均浓度为 32 μg/m³，比上年下降 5.9%；PM_{10} 平均浓度为 50 μg/m³，比上年下降 5.7%。

2.1.4　主要污染物浓度变化趋势分析

2015—2018 年，全国地级及以上城市 SO_2、PM_{10} 和 $PM_{2.5}$ 年均浓度及 CO 日均值第 95 百分位数浓度均呈逐年下降趋势，2018 年比 2015 年分别下降 44.0%、18.4%、22.0% 和 28.6%。NO_2 浓度总体持平，年均浓度在 29～31 μg/m³ 之间。O_3 日最大 8 h 平均值第 90 百分位数浓度呈逐年上升趋势，2018 年比 2015 年上升 12.7%。

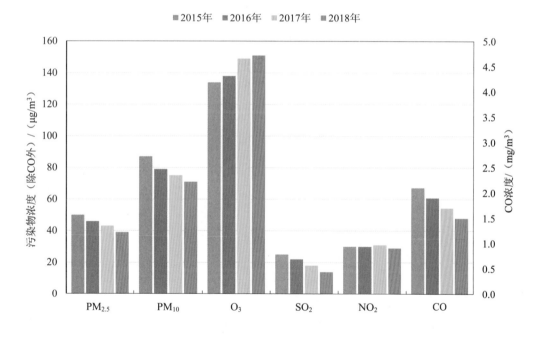

图 2.1-39　2015—2018 年地级及以上城市主要污染物浓度年际变化

2015—2018 年，"2+26" 城市 SO_2、PM_{10} 和 $PM_{2.5}$ 年均浓度及 CO 日均值第 95 百分位数浓度均呈逐年下降趋势，2018 年比 2015 年分别下降 56.5%、23.2%、28.6% 和 37.1%。NO_2 浓度呈波动性下降，2018 年比 2015 年下降 8.5%。O_3 日最大 8 h 平均值第 90 百分位数浓度呈逐年上升趋势，2018 年比 2015 年上升 25.9%。

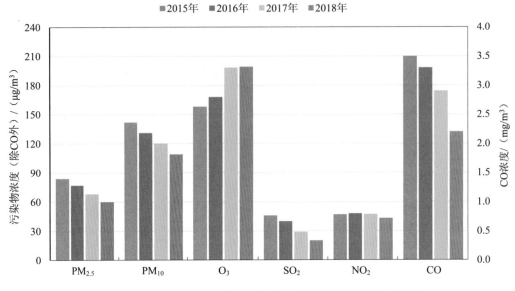

图 2.1-40　2015—2018 年"2+26"城市主要污染物浓度年际变化

　　2015—2018 年，长三角地区 SO_2、PM_{10} 和 $PM_{2.5}$ 年均浓度及 CO 日均值第 95 百分位数浓度均呈逐年下降趋势，2018 年比 2015 年分别下降 47.6%、14.6%、18.5% 和 18.8%。NO_2 浓度总体持平，年均浓度在 35～37 $\mu g/m^3$ 之间。O_3 日最大 8 h 平均值第 90 百分位数浓度呈逐年上升趋势，2018 年比 2015 年上升 18.4%。

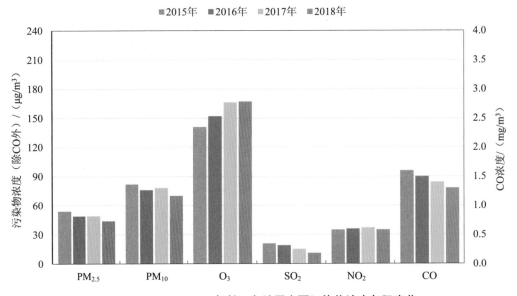

图 2.1-41　2015—2018 年长三角地区主要污染物浓度年际变化

2015—2018 年，汾渭平原 SO_2、PM_{10} 和 $PM_{2.5}$ 年均浓度及 CO 日均值第 95 百分位数浓度总体呈下降趋势，2018 年比 2015 年分别下降 42.9%、2.8%、4.9% 和 30.3%。NO_2 浓度呈波动性变化，2017 年浓度最高，2018 年比 2015 年上升 19.4%。O_3 日最大 8 h 平均值第 90 百分位数浓度总体呈上升趋势，2018 年比 2015 年上升 35.3%。

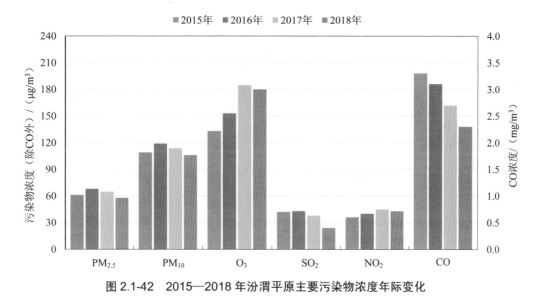

图 2.1-42　2015—2018 年汾渭平原主要污染物浓度年际变化

2.1.5　背景站和区域站

2.1.5.1　背景站

2018 年，背景地区 O_3 日最大 8 h 平均值第 90 百分位数浓度与区域和城市水平基本持平，其他 5 项污染浓度均明显低于区域和城市。

背景地区 SO_2 年均浓度为 2.2 μg/m³，区域和城市 SO_2 年均浓度分别是背景地区的 4.1 倍和 6.4 倍；背景地区 NO_2 年均浓度为 4.1 μg/m³，区域和城市 NO_2 年均浓度分别是背景地区的 4.1 倍和 7.1 倍；背景地区 PM_{10} 年均浓度为 22.7 μg/m³，区域和城市 PM_{10} 年均浓度分别是背景地区的 2.6 倍和 3.4 倍；背景地区 $PM_{2.5}$ 年均浓度为 12.7 μg/m³，区域和城市 $PM_{2.5}$ 年均浓度分别是背景地区的 2.7 倍和 3.2 倍；背景地区 CO 日均值第 95 百分位数浓度为 0.585 mg/m³，区域和城市 CO 日均值第 95 百分位数浓度是背景地区的 1.9 倍和 2.6 倍；背景地区 O_3 日最大 8 h 平均值第 90 百分位数浓度为 140.3 μg/m³，区域和城市 O_3 日最大 8 h 平均值第 90 百分位数浓度均为背景地区的 1.1 倍。

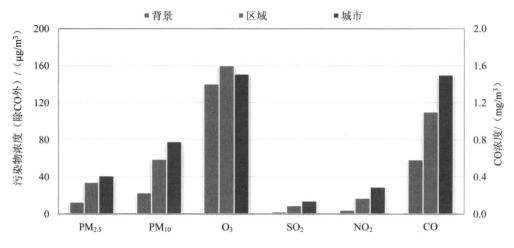

图 2.1-43　2018 年全国背景、区域和城市地区六项污染物浓度比较

2.1.5.2　区域站

2018 年，全国区域站 $PM_{2.5}$ 年均浓度范围为 9～76 $\mu g/m^3$，平均为 34 $\mu g/m^3$，比上年下降 2.9%；PM_{10} 年均浓度范围为 17～134 $\mu g/m^3$，平均为 59 $\mu g/m^3$，与上年持平；SO_2 年均浓度范围为 1～62 $\mu g/m^3$，平均为 9 $\mu g/m^3$，比上年下降 10.0%；NO_2 年均浓度范围为 2～50 $\mu g/m^3$，平均为 17 $\mu g/m^3$，与上年持平；CO 日均值第 95 百分位数浓度范围为 0.4～3.2 mg/m^3，平均为 1.1 mg/m^3，比上年下降 15.4%；O_3 日最大 8 h 平均值第 90 百分位数浓度范围为 88～222 $\mu g/m^3$，平均为 160 $\mu g/m^3$，比上年上升 4.6%。

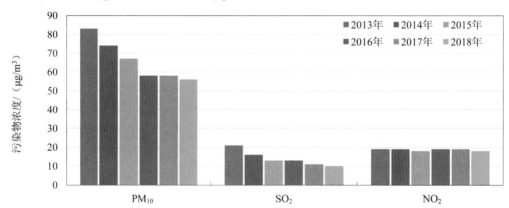

图 2.1-44　2013—2018 年可比的 31 个区域站污染物浓度年际变化

其中，可比的 31 个区域站 SO_2 平均浓度为 10 $\mu g/m^3$，比上年下降 9.1%，比 2013 年下降 52.4%；NO_2 平均浓度为 18 $\mu g/m^3$，比上年下降 5.3%，比 2013 年下降 5.3%；PM_{10} 平均浓度为 56 $\mu g/m^3$，比上年下降 3.4%，比 2013 年下降 32.5%。

2.1.6　温室气体

2018 年，9 个背景站 CO_2 浓度范围为 405.6 ppm[①]（青海门源）～418.2 ppm（山西庞泉沟），平均为 410.6 ppm；CH_4 浓度范围为 1 930 ppb[②]（云南丽江）～2 017 ppb（山西庞泉沟），平均为 1 966 ppb；N_2O 浓度范围为 325.1 ppb（山西庞泉沟）～335.7 ppb（福建武夷山），平均为 328.8 ppb。

9 个背景站的 CO_2 和 CH_4 浓度均不低于 2017 年全球平均值；N_2O 浓度除云南丽江、福建武夷山和山东长岛外，其他背景站均低于 2017 年全球平均值。

表 2.1-13　2018 年背景站 CO_2、CH_4 和 N_2O 监测结果

点位名称	经纬度	海拔高度/m	CO_2 浓度/ppm	CH_4 浓度/ppb	N_2O 浓度/ppb
山西庞泉沟	37.9°N，111.5°E	1 807	418.2	2 017	325.1
内蒙古呼伦贝尔	49.9°N，119.3°E	615	406.6	1 946	327.8
福建武夷山	27.6°N，117.7°E	1 139	414.1	1 977	335.7
山东长岛	38.2°N，120.7°E	163	—	1 959	330.4
湖北神农架	31.5°N，110.3°E	2 930	407.3	1 962	329.5
广东南岭	24.7°N，112.9°E	1 689	409.3	1 958	328.3
四川海螺沟	29.6°N，102.0°E	3 571	414.0	1 969	326.9
云南丽江	27.2°N，100.3°E	3 410	410.0	1 930	—
青海门源	37.6°N，101.3°E	3 295	405.6	1 975	326.7
2017 年全球平均值[*]			405.5±0.1	1 859±2	329.9±0.1
2017 年青海瓦里关大气本底站[**]			407.0±0.2	1 912±2	330.3±0.1

* 数据来源：《2017 年温室气体公报》，WMO；

**数据来源：《2017 年中国温室气体公报》。

2.1.7　沙尘

2.1.7.1　沙尘卫星遥感监测结果

基于遥感监测，2018 年，我国西北、华北、东北地区的大部以及西南、华中、华东地区的北部区域均出现了沙尘天气，总影响面积累计达到 10 308 万 km^2。其中，一级沙尘[③]影

---

① 1 ppm=10^{-6}。

② 1 ppb=10^{-9}。

③ 根据《沙尘天气分级技术规定（试行）》（总站生字〔2004〕31 号）：一级沙尘泛指浮尘，二级沙尘泛指扬沙，三级沙尘泛指沙尘暴。沙尘影响面积均为日影响面积的累计。

响面积约 8 376 万 km^2，占沙尘影响总面积的 81.3%，主要分布在新疆、内蒙古、甘肃、青海、西藏、河北、宁夏、陕西、山西、吉林、辽宁等省（自治区）；二级沙尘影响面积约 1 326 万 km^2，占沙尘影响总面积的 12.9%，主要分布在新疆、内蒙古、甘肃、青海、西藏、河北、山西、吉林、辽宁、宁夏、陕西等省（自治区）；三级沙尘影响面积约 606 万 km^2，占沙尘影响总面积的 5.9%，主要分布在新疆、内蒙古、甘肃、青海、河北等省（自治区）。与上年相比，总影响面积增加约 2 715 万 km^2，其中一级沙尘增加约 1 217 万 km^2，二级沙尘增加约 952 万 km^2；三级沙尘面积增加约 546 万 km^2。

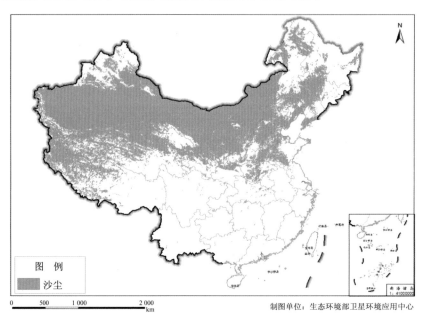

制图单位：生态环境部卫星环境应用中心

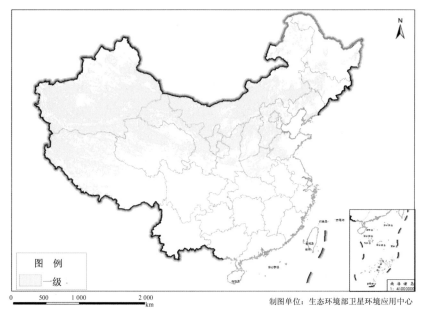

制图单位：生态环境部卫星环境应用中心

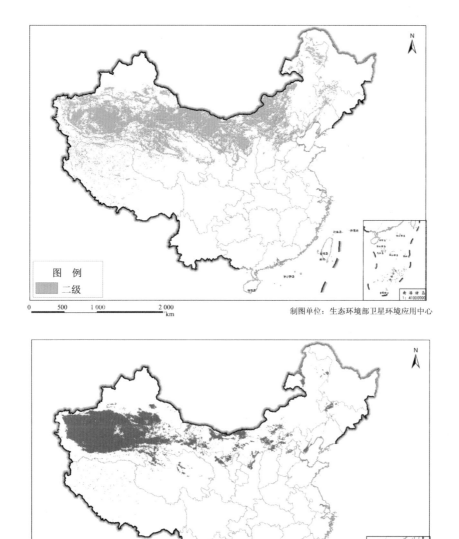

图 2.1-45　2018 年全国沙尘遥感监测总分布及各等级分布情况示意

　　2018 年全国沙尘遥感监测日影响面积统计分析结果表明，全年冬季和春季沙尘影响面积较大；一级沙尘影响面积的日变化趋势与总面积的日变化趋势基本一致；二级、三级沙尘影响面积及发生频次远远小于一级沙尘，且主要发生在春季 3—5 月，其中 4 月 5 日单日沙尘影响面积最大，面积达 151 万 km^2。

2.1.7.2 沙尘天气过程影响

2018 年，沙尘天气过程 18 次累计 50 天影响了我国城市环境空气质量，受影响地区主要是新疆、青海、甘肃、内蒙古、宁夏、陕西、山西、河南、吉林、黑龙江、辽宁、河北、北京、天津、四川、湖北、湖南、江苏等省份。沙尘天气发生次数及影响天数比上年均上升。

2018 年首次影响我国北方地区的一次大范围沙尘天气过程发生时间是 1 月 30 日，比上年首次发生时间有所推迟。影响范围最大和持续时间最长的沙尘天气过程发生在 4 月 1—6 日，沙尘持续时间达 6 天，110 个城市受到影响。

表 2.1-14 2018 年沙尘天气过程对地级及以上城市空气质量影响情况

发生次序	日期	影响城市数量/个
第 1 次	1 月 30 日	6
	1 月 31 日	2
第 2 次	2 月 8 日	8
	2 月 9 日	37
	2 月 10 日	6
	2 月 11 日	1
第 3 次	3 月 14 日	5
	3 月 15 日	17
	3 月 16 日	7
	3 月 17 日	2
第 4 次	3 月 19 日	8
	3 月 20 日	8
第 5 次	3 月 26 日	2
	3 月 27 日	11
	3 月 28 日	30
	3 月 29 日	4
第 6 次	3 月 29 日	5
	3 月 30 日	7
	3 月 31 日	4
第 7 次	4 月 1 日	1
	4 月 2 日	8
	4 月 3 日	6

发生次序	日期	影响城市数量/个
第 7 次	4 月 4 日	52
	4 月 5 日	39
	4 月 6 日	4
第 8 次	4 月 9 日	10
	4 月 10 日	23
第 9 次	4 月 12 日	1
	4 月 13 日	5
	4 月 14 日	16
第 10 次	4 月 29 日	9
第 11 次	5 月 1 日	5
第 12 次	5 月 7 日	1
	5 月 8 日	7
第 13 次	5 月 18 日	4
	5 月 19 日	5
第 14 次	5 月 21 日	9
	5 月 22 日	4
第 15 次	5 月 25 日	12
	5 月 26 日	38
第 16 次	7 月 14 日	3
	7 月 15 日	7
	7 月 16 日	1
第 17 次	11 月 25 日	7
	11 月 26 日	37
	11 月 27 日	18
	11 月 28 日	1
第 18 次	12 月 1 日	7
	12 月 2 日	31
	12 月 3 日	17
	12 月 4 日	2

从 2015—2018 年沙尘天气过程次数和累计影响天数年际变化来看，2015 年、2016 年和 2018 年影响我国城市环境空气质量的沙尘天气过程次数较多，分别为 19 次、18 次和 18 次，2017 年沙尘天气过程发生次数相对较少，为 11 次；2016 年和 2018 年累计影响天

数较多，分别为 58 天和 50 天，其他年份均低于 50 天。总体上看，2015—2018 年，每年沙尘天气过程发生次数均高于 10 次，累计影响天数均多于 30 天，对我国尤其是北方地区的城市环境空气质量造成一定影响。

表 2.1-15　2015—2018 年沙尘天气过程统计

年份	沙尘天气过程次数/次	监测范围	累计影响天数/d
2015	19		46
2016	18	338 个地级及以上城市	58
2017	11		34
2018	18		50

2.1.8　降尘

2018 年，"2+26" 城市降尘量年均值范围为 4.4（长治）～15.8 t/（km^2·30d）（太原），平均为 8.3 t/（km^2·30d）。328 个县（市、区）降尘量月监测范围为 0.4（长治武乡县、长治沁源县）～53.0 t/（km^2·30d）（太原娄烦县）。

2018 年，"2+26" 城市春夏季降尘量高于秋冬季；其中，2—6 月降尘量整体较高，7 月下旬进入雨季后，降尘量呈明显下降趋势。

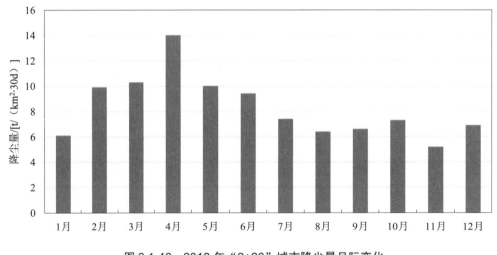

图 2.1-46　2018 年 "2+26" 城市降尘量月际变化

2018 年 6—12 月，"2+26" 城市平均降尘量为 7.0 t/（km^2·30d），比上年同期下降 20.5%。"2+26" 城市中，大部分城市降尘量比上年同期均有所下降，鹤壁和阳泉持平，德州和开封有所上升。

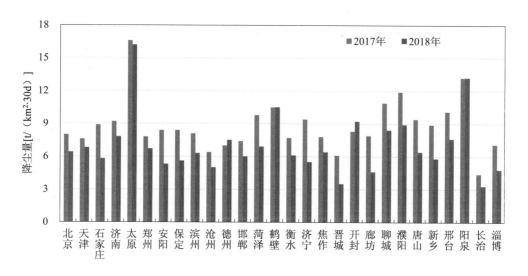

图 2.1-47　"2+26"城市 2018 年 6—12 月降尘量及同比情况

2.1.9　重点地区细颗粒物卫星遥感监测

2.1.9.1　总体状况

2018 年，"2+26"城市、长三角地区、汾渭平原和珠三角地区 $PM_{2.5}$ 年均浓度超标面积分别为 25.2 万 km^2、23.2 万 km^2、12.0 万 km^2 和 1.3 万 km^2，占区域面积比例依次为 92.8%、65.6%、78.4% 和 23.6%，比上年分别下降 4.6 个、13.0 个、7.4 个和 13.3 个百分点。"2+26"城市、长三角地区、汾渭平原和珠三角地区 $PM_{2.5}$ 年均浓度比上年有所下降地区的面积比例分别为 99.1%、70.9%、89.2% 和 89.3%。

2.1.9.2　"2+26"城市

2018 年，"2+26"城市 $PM_{2.5}$ 年均浓度高值区主要分布在石家庄及以南部分城市。

2018 年，"2+26"城市 $PM_{2.5}$ 年均浓度超标面积比例范围为 40.0%～100.0%。其中，北京 $PM_{2.5}$ 年均浓度超标面积比例小于 50%，保定和唐山 $PM_{2.5}$ 年均浓度超标面积比例大于等于 50% 且小于 80%，石家庄、太原等 25 个城市 $PM_{2.5}$ 年均浓度超标面积比例大于等于 80%。

"2+26"城市 $PM_{2.5}$ 年均浓度比上年有所下降地区的面积比例范围为 92.0%～100.0%。其中，廊坊 $PM_{2.5}$ 年均浓度下降面积比例最小，为 92.3%；北京、保定等 17 个城市 $PM_{2.5}$ 年均浓度下降面积比例范围为 95.0%～99.0%；石家庄、太原等 10 个城市 $PM_{2.5}$ 年均浓度下降面积比例达 100.0%。

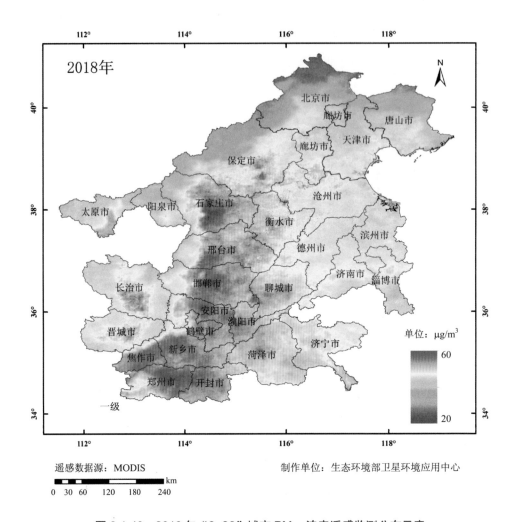

图 2.1-48 2018 年 "2+26" 城市 PM$_{2.5}$ 浓度遥感监测分布示意

2.1.9.3 长三角地区

2018 年，长三角地区 PM$_{2.5}$ 年均浓度高值区主要分布在阜阳、亳州、蚌埠、淮南和滁州等长三角西北部城市地区。

2018 年，长三角地区 41 个城市 PM$_{2.5}$ 年均浓度超标面积比例范围为 1.0%～100.0%。其中，宣城、池州等 12 个城市 PM$_{2.5}$ 年均浓度超标面积比例小于 50%，上海、湖州等 4 个城市 PM$_{2.5}$ 年均浓度超标面积比例大于等于 50%且小于 80%，南京、常州等 25 个城市 PM$_{2.5}$ 年均浓度超标面积比例大于等于 80%。

长三角地区 PM$_{2.5}$ 年均浓度比上年下降面积比例范围为 2.0%～100.0%。其中，苏州 PM$_{2.5}$ 年均浓度下降面积比例最小，为 2.0%；上海、南通等 13 个城市 PM$_{2.5}$ 年均浓度下降面积比例小于 50%；南京、湖州等 8 个城市 PM$_{2.5}$ 年均浓度下降面积比例大于等于 50%且小于 80%；合肥、台州等 20 个城市 PM$_{2.5}$ 年均浓度下降面积比例大于等于 80%。

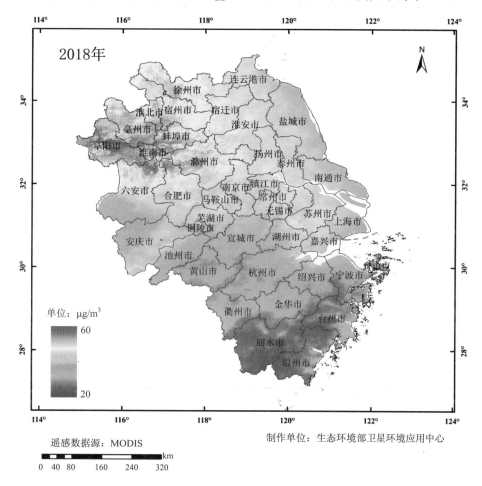

图 2.1-49　2018 年长三角地区 PM$_{2.5}$ 浓度遥感监测分布示意

2.1.9.4　汾渭平原

2018 年，汾渭平原 PM$_{2.5}$ 年均浓度高值区主要分布在临汾、运城、渭南、西安和洛阳等盆地城市地区。

2018 年，汾渭平原 11 个城市 PM$_{2.5}$ 年均浓度超标面积比例范围为 20.0%～100.0%。其中，宝鸡 PM$_{2.5}$ 年均浓度超标面积比例小于 50%，西安、吕梁等 4 个城市 PM$_{2.5}$ 年均浓度超标面积比例大于等于 50% 且小于 80%，运城、三门峡市等 6 个城市 PM$_{2.5}$ 年均浓度超标面积比例大于 80%。

汾渭平原 PM$_{2.5}$ 年均浓度比上年下降面积比例范围为 40.0%～100.0%。其中，铜川 PM$_{2.5}$ 年均浓度下降面积比例最小，为 40.5%；宝鸡、咸阳 2 个城市 PM$_{2.5}$ 年均浓度下降面积比例大于 50% 且小于 80%；晋中、吕梁等 8 个城市 PM$_{2.5}$ 年均浓度下降面积比例大于等于 80%。

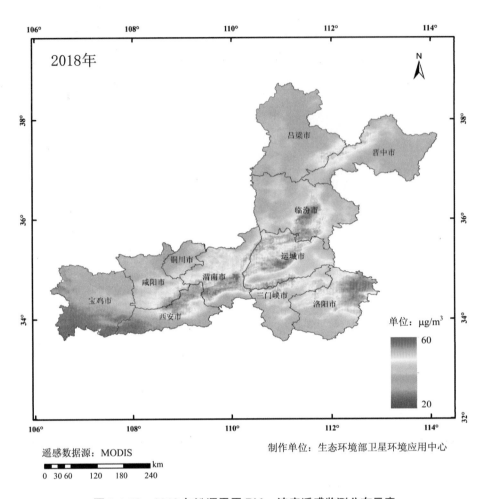

图 2.1-50　2018 年汾渭平原 PM$_{2.5}$ 浓度遥感监测分布示意

2.1.9.5　珠三角地区

2018 年，珠三角地区 PM$_{2.5}$ 年均浓度高值区主要分布在佛山及周边地区。

2018 年，珠三角地区 9 个城市 PM$_{2.5}$ 年均浓度超标面积比例范围为 0.1%～97.2%。其中，惠州、珠海、深圳 3 个城市 PM$_{2.5}$ 年均浓度超标面积比例小于 1%，东莞、广州等 5 个城市 PM$_{2.5}$ 年均浓度超标面积比例大于等于 1% 且小于 50%，佛山 PM$_{2.5}$ 年均浓度超标面积比例大于 50%。

珠三角地区 PM$_{2.5}$ 年均浓度比上年下降面积比例范围为 76.0%～98.0%。其中，佛山、东莞、广州 3 个城市 PM$_{2.5}$ 年均浓度下降面积比例小于 80%；中山、惠州 2 个城市 PM$_{2.5}$ 年均浓度下降面积比例大于等于 80% 且小于 90%；珠海、肇庆等 4 个城市 PM$_{2.5}$ 年均浓度下降面积比例大于等于 90%。

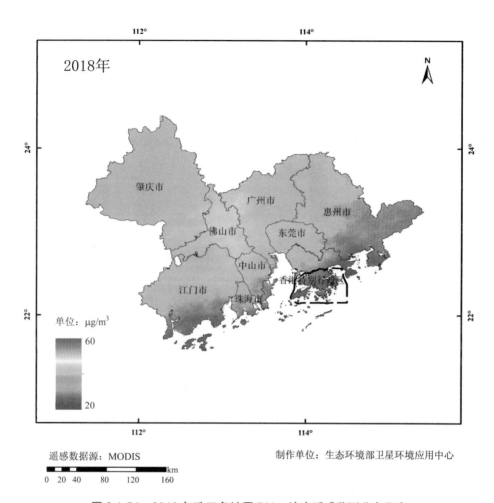

图 2.1-51　2018 年珠三角地区 PM$_{2.5}$ 浓度遥感监测分布示意

2.1.10　京津冀及周边区域颗粒物组分网

2018 年，京津冀及周边地区"2+26"城市、雄安新区、秦皇岛、张家口等 31 个城市 PM$_{2.5}$ 中的主要组分包括：有机物（OM，14.81 μg/m^3）、硝酸盐（12.87 μg/m^3）、硫酸盐（SO$_4^{2-}$，10.54 μg/m^3）、铵盐（NH$_4^+$，7.33 μg/m^3）、地壳物质（6.40 μg/m^3）、元素碳（EC，3.49 μg/m^3）、微量元素（1.86 μg/m^3）、氯盐（Cl$^-$，1.82 μg/m^3）。其中 OM、NO$_3^-$、SO$_4^{2-}$、NH$_4^+$ 和地壳物质含量相对较高，是 PM$_{2.5}$ 的主要组分。

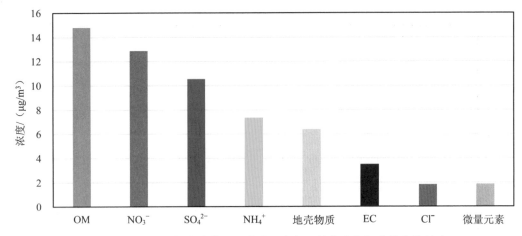

图 2.1-52　2018 年京津冀及周边地区大气颗粒物中各组分的年均浓度

2018 年 1—3 月、11—12 月 OM、NO_3^-、SO_4^{2-}、NH_4^+ 等组分浓度较高，其中 OM 浓度 1 月最高（29.11 μg/m³），NO_3^- 浓度 11 月最高（24.65 μg/m³），SO_4^{2-} 浓度 1 月最高（13.00 μg/m³），NH_4^+ 浓度 1 月最高（11.50 μg/m³），表明采暖季有机物和二次无机盐（SNA）对颗粒物浓度产生显著贡献。4 月地壳物质浓度最高（13.86 μg/m³），主要为沙尘天气的影响。

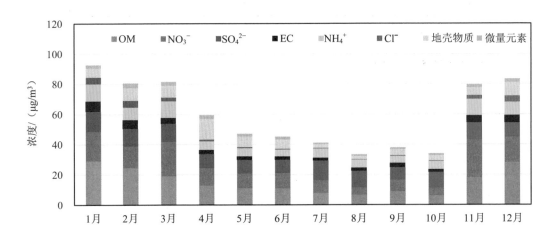

图 2.1-53　2018 年京津冀及周边地区大气颗粒物组分逐月浓度

京津冀及周边地区各城市大气颗粒物组分的浓度情况如下：硝酸盐（NO_3^-）浓度范围为 4.15～18.13 μg/m³，微量元素浓度范围为 1.22～2.32 μg/m³，均为鹤壁最高；硫酸盐（SO_4^{2-}）浓度范围为 5.41～13.79 μg/m³，铵盐（NH_4^+）浓度范围为 2.37～10.21 μg/m³，均为焦作最高；元素碳（EC）浓度范围为 1.95～5.32 μg/m³，氯盐（Cl^-）浓度范围为 0.71～3.21 μg/m³，均为雄安最高；有机物（OM）浓度范围为 9.05～22.74 μg/m³，石家庄最高；地壳物质浓度范围为 2.34～10.78 μg/m³，张家口最高。

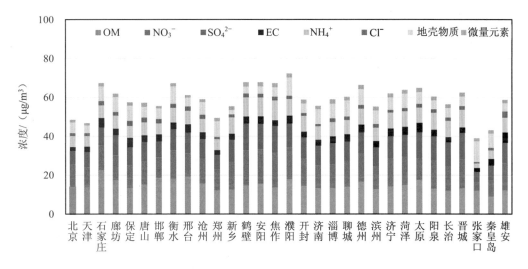

图 2.1-54　2018 年京津冀及周边地区各城市大气颗粒物组分浓度

2.1.11　京津冀及周边区域光化学网监测

北京、雄安、天津、济南、郑州、太原、石家庄手工监测 VOCs 总体浓度范围为 62.88～155.95 ppbv[①]，分类组成以 OVOCs 和烷烃为主。

表 2.1-16　监测城市 VOCs 日均浓度

序号	站点	浓度/ppbv
1	北京	62.88±1.44
2	雄安	93.02±1.53
3	天津	111.60±1.69
4	济南	155.95±3.49
5	郑州	111.95±3.46
6	太原	122.80±2.71
7	石家庄	141.84±3.47

臭氧生成潜势（OFP）的结果显示，汽车尾气排放是北京、石家庄、雄安、太原、天津、郑州中对臭氧生成贡献最显著的 VOCs 排放源，而溶剂使用是济南对臭氧生成的最大贡献源。

---

① ppbv 表示体积分数，1ppb=10⁻⁹。

表 2.1-17　监测城市 OFP 结果

序号	站点	OFP/（μg/m³）
1	北京	339.71±8.21
2	雄安	499.87±10.87
3	天津	591.09±11.02
4	济南	826.30±13.36
5	郑州	728.27±14.04
6	太原	591.58±9.28
7	石家庄	804.07±18.28

2.1.12　秸秆焚烧火点

2018 年，基于遥感监测，全国秸秆焚烧共监测到火点 7 647 个（不包括云覆盖下的火点信息），主要分布在黑龙江、吉林、内蒙古、山西、河北、辽宁等省份。其中黑龙江、吉林和内蒙古火点个数共计 5 114 个，占全国火点总数的 66.9%。

与上年相比，全国火点个数减少 3 340 个，其中黑龙江、吉林、辽宁、新疆、河北、山东、内蒙古、江西和上海等 9 个省份火点个数减少，其他省份火点个数增加。

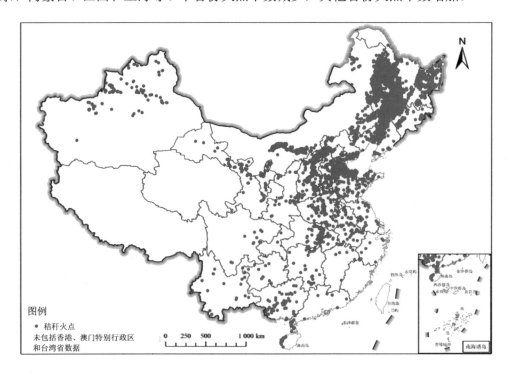

图 2.1-55　2018 年卫星遥感监测全国秸秆焚烧火点分布示意

表 2.1-18　2018 年全国各省份秸秆焚烧火点个数及年际变化

省份	2018 年火点个数/个	比 2017 年变化/个	与 2017 年相比变化率/%
黑龙江	2 488	−3 574	−59.0
吉林	1 640	−368	−18.3
内蒙古	986	−10	−1.0
山西	658	537	443.8
河北	476	−9	−1.9
辽宁	407	−237	−36.8
山东	182	−27	−12.9
新疆	122	−54	−30.7
湖北	108	66	157.1
河南	100	46	85.2
甘肃	74	54	270.0
安徽	66	27	69.2
广西	60	43	252.9
天津	53	34	178.9
海南	32	17	113.3
湖南	32	24	300.0
陕西	28	3	12.0
江苏	26	22	550.0
宁夏	22	15	214.3
广东	20	17	566.7
云南	19	10	111.1
贵州	14	14	—
四川	9	7	350.0
江西	8	−5	−38.5
浙江	7	2	40.0
北京	5	3	150.0
重庆	3	3	—
福建	2	1	100.0
上海	0	−1	−100.0
青海	0	0	—
西藏	0	0	—
全国	7 647	−3 340	−30.4

专栏 1：地方建设的空气自动监测站与超级站数据联网

2015 年，国务院办公厅印发实施《生态环境监测网络建设方案》（国办发〔2015〕56号），明确提出生态环境监测是生态环境保护的基础，是生态文明建设的重要支撑；同时要求开展监测数据全国联网，实现生态环境监测信息集成共享。2016 年，国务院印发实施《"十三五"生态环境保护规划》（国发〔2016〕65 号），提出要加快推进生态环境领域国家治理体系和治理能力现代化，不断提高生态环境管理系统化、科学化、法治化、精细化、信息化水平。2017 年，环境保护部印发了《关于加强"2+26"城市县（市、区）空气质量监测工作的通知》和《关于加强"2+26"城市空气质量监测工作的函》，以落实京津冀及周边地区 2017—2018 年秋冬季大气污染综合治理攻坚行动方案相关要求，加快推进"2+26"城市县（市、区）空气质量监测网络建设，提高监测数据质量，满足环境管理需求。

2018 年，生态环境部在《2018 年全国生态环境监测工作要点》和《2018 年国家生态环境监测方案》中提出开展地方环境空气质量自动监测站（以下简称空气站）和大气超级监测站（以下简称超级站）数据联网，并于同年 10 月印发了《关于开展地方环境空气质量自动监测站和大气超级监测站数据联网工作的通知》（环办监测函〔2018〕1198 号），正式启动联网工作，并委派中国环境监测总站编制印发《地方环境空气质量自动监测站和大气超级监测站数据联网工作实施方案》，为联网工作提供技术支持和保障。截至 2018年年底，全国累计联网空气站 2 700 余个，总联网率达到 85%。京津冀及周边、长三角、珠三角、成渝城市群、汾渭平原等重点区域非国控空气自动监测站数据直联已基本完成；4 个省份的 10 个超级站实现联网。

联网工作集中统一开展地方空气站和超级站数据的自动传输，确保数据传输的时效性、可靠性、完整性，为空气质量监测数据在全国范围内实现数据共享奠定基础，为更好地使用数据、挖掘信息、服务环境管理提供数据保障。

专栏 2：环境空气质量预报开展情况和评估

一、全国空气质量业务预报发展历程

2013 年 9 月国务院印发《大气污染防治行动计划》，明确提出"建立监测预警应急体系，妥善应对重污染天气"，要求 2015 年年底全国重点区域、省和重点城市分阶段逐步建立重污染天气预警体系，做好重污染天气过程趋势分析，完善会商研判机制，提高监测预警准确度，及时发布监测预警信息。自此，以《大气污染防治行动计划》为总体导向和基本原则，正式拉开在全国范围内逐步开展空气质量业务预报的序幕。

中国环境监测总站自 2013 年年初率先开始筹建国家和京津冀及周边区域空气质量业务预报系统，同年 10 月正式实现京津冀及周边区域空气质量业务预报。随后按照"国家-

区域-省级-城市"四级空气质量预报体系建设路线,在中央本级和地方财政的共同支持下,分别于 2013 年和 2017 年前后分批集中建设,逐渐形成京津冀及周边、长三角、华南、东北、西南和西北六大区域空气质量预测预报中心(以下简称区域预报中心)的总体布局。27 个省级站和 36 个重点城市也按照《大气污染防治行动计划》进度要求按时完成当地业务预报系统建设,并于 2016 年 1 月 1 日起通过官方网站"全国空气质量预报信息发布系统"正式对外发布未来三天预报结果。此外,越来越多的地级以上城市也已自发主动地加入城市空气质量业务预报行列。

历时近六年打磨历练,在各级预报部门的通力合作、科学实践和探索发展下,全国空气质量业务预报系统实现了从无到有、从粗到细、从初级到综合、从理论到应用的蓬勃发展。目前,各级空气质量预报在大气污染精准管控中发挥出越来越重要的技术支撑作用,已成为蓝天保卫战的中坚力量和制胜利器。

二、2018 年全国空气质量业务预报开展情况

2018 年继续有序开展每日全国、六大区域、省级和重点城市空气质量例行业务预报,通过官方网站、移动端 APP、微博、微信等多种渠道及时发布预报信息,指导公众日常出行和健康防护。同时针对重污染天气过程,适时开展加密预报会商和分析解读,为大气污染精准管控提供关键技术支持。

2018 年 4 月起,生态环境部联合中国气象局分别于每月月中和月末组织全国六大区域预报中心开展 2 次半月空气质量形势预报视频会商,已形成稳定业务化运行的半月例行预报会商机制,全年累计开展 18 次,在很大程度上提升了我国区域空气质量中期预报能力。

根据《打赢蓝天保卫战三年行动计划》相关要求,生态环境部于 2018 年 9 月印发《汾渭平原环境空气质量预报工作方案》,由西北区域预报中心负责组织山西、河南和陕西省预报部门联合开展汾渭平原空气质量例行预报,并于 2018 年 9 月 1 日正式对外发布辖区未来 5 天空气质量预报结果。

2018 年持续推进《多区域环境空气质量预报中心业务系统建设与升级》项目建设进展,新增设立东北、西南和西北区域预报中心,升级完善京津冀及周边和华南区域预报中心,并于 2018 年 9 月陆续完成项目软硬件验收,实现全国六大区域预报中心无缝衔接,显著提升我国区域层级空气质量预报总体能力。

依托相关省市空气质量业务预报系统,顺利完成 2018 年博鳌亚洲论坛、上合组织峰会、中非合作论坛北京峰会、中国国际进口博览会、世界互联网大会、联合国世界地理信息大会等重大活动期间空气质量预测保障工作,完成"两会"、春节、国庆等重要时段全国空气质量预报会商。

三、空气质量业务预报评估现状

目前,国内尚未形成标准化、规范化的空气质量业务预报评估方法,与其相关的国家环境保护标准《环境空气质量数值预报技术规范》正在抓紧编制中,其中涉及空气质量指数(AQI)准确率评估(范围、级别和首要污染物)、单项污染物浓度预报统计评估、重污染预报性能基本评估等，但该技术规范也仅针对空气质量数值预报方法，对于统计预报方法的适用性仍有待研究。

尽管尚未建立统一的预报评估方法，但各级预报部门根据实际需求已开展了尝试性的预报效果评估工作。在区域层面空气质量预报评估方面，一般采用分区、跨级别预报结果来评估准确率。2018 年六大区域 24 小时跨级预报准确率为 63%~100%，全国平均准确率为 83%。

表 2.1-19　2018 年六大区域 24 小时跨级预报准确率统计　　　单位：%

区域	1 月	2 月	3 月	4 月	5 月	6 月	7 月	8 月	9 月	10 月	11 月	12 月
华北	78	83	77	84	84	85	81	81	96	91	81	75
华东	63	80	88	80	79	77	81	82	84	88	72	76
华南	87	84	84	87	87	86	89	82	87	90	91	85
东北	91	89	87	91	96	92	93	97	99	95	94	93
西北	87	87	87	83	87	87	86	89	89	90	87	83
西南	77	90	76	86	71	83	71	96	100	100	99	97

注：西南区域 8 月起细化分区。

2.2　降水

2.2.1　降水酸度

2018 年，全国 471 个市（县）降水 pH 年均值范围为 4.34（重庆大足区）~8.24（新疆喀什市），平均为 5.58，南方地区（291 个市县）降水 pH 年均值为 5.50，北方地区（180 个市县）降水 pH 年均值为 6.60。

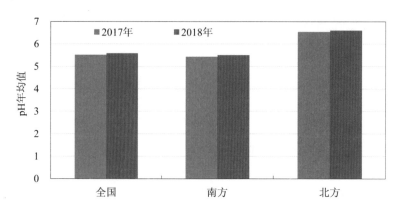

图 2.2-1　全国降水 pH 年均值年际变化

与上年相比，全国降水酸度略有下降（pH 年均值上升），南方地区和北方地区降水酸度均略有下降。

2.2.2　降水化学组成

2018 年，全国 392 个监测全部离子组分市（县）的降水化学监测结果表明，我国降水中的主要阳离子为钙和铵，分别占离子总当量的 26.6% 和 15.0%；降水中的主要阴离子为硫酸根，占离子总当量的 19.9%；硝酸根占离子总当量的 9.5%。降水中硫酸根与硝酸根当量浓度比为 2.1，硫酸盐为我国降水中的主要致酸物质。

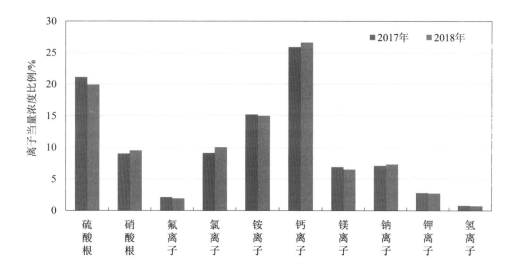

图 2.2-2　降水中主要离子当量浓度比例年际变化

与上年相比，硫酸根和镁离子当量浓度比例有所下降，硝酸根、氯离子和钙离子有所上升，其他离子保持稳定。

2.2.3　酸雨城市比例

471 个市（县）降水监测结果统计表明，降水 pH 年均值范围为 4.34（重庆大足区）～8.24（新疆喀什市）。酸雨城市 89 个，占 18.9%，其中较重酸雨城市 21 个，占 4.5%；重酸雨城市 2 个，占 0.4%。

与上年相比，全国酸雨城市比例上升 0.1 个百分点，较重酸雨城市比例下降 1.8 个百分点，重酸雨城市比例持平。

表 2.2-1　2018 年全国降水 pH 年均值统计

pH 值年均范围	<4.5	4.5～5.0	5.0～5.6	5.6～7.0	≥7.0
市（县）数/个	2	21	66	261	121
所占比例/%	0.4	4.5	14.0	55.4	25.7

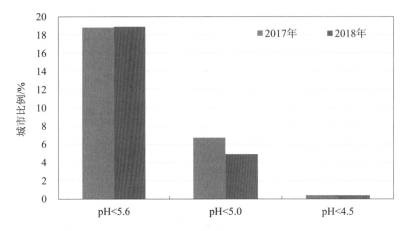

图 2.2-3　不同降水 pH 年均值的城市比例年际变化

2.2.4　酸雨发生频率

2018 年，471 个市（县）中，酸雨发生频率平均为 10.5%，比上年下降 0.3 个百分点。177 个市（县）出现酸雨，占总数的 37.6%；酸雨发生频率在 25% 及以上的城市 77 个，占 16.3%；酸雨发生频率在 50% 及以上的市（县）39 个，占 8.3%；酸雨发生频率在 75% 及以上的市（县）14 个，占 3.0%。

表 2.2-2　2018 年全国酸雨发生频率分段统计

酸雨发生频率	0%	0%～25%	25%～50%	50%～75%	≥75%
市（县）数/个	294	100	38	25	14
所占比例/%	62.4	21.2	8.1	5.3	3.0

与上年相比，全国出现酸雨的城市比例上升 1.5 个百分点，酸雨发生频率在 25% 及以上的城市比例下降 0.5 个百分点，50% 及以上和 75% 及以上的城市比例分别上升 0.3 个百分点和 0.2 个百分点。

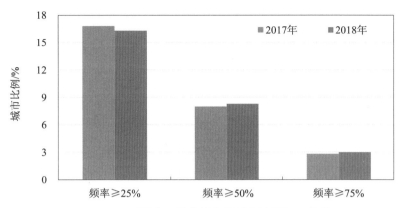

图 2.2-4 不同酸雨发生频率的城市比例年际变化

2.2.5 酸雨区域分布

2018 年，全国酸雨分布区域集中在长江以南—云贵高原以东地区，主要包括浙江、上海的大部分地区、福建北部、江西中部、湖南中东部、广东中部和重庆南部。酸雨发生面积约 53 万 km²，占国土面积的 5.5%，比上年下降 0.9 个百分点；其中，较重酸雨区面积占国土面积的比例为 0.6%。

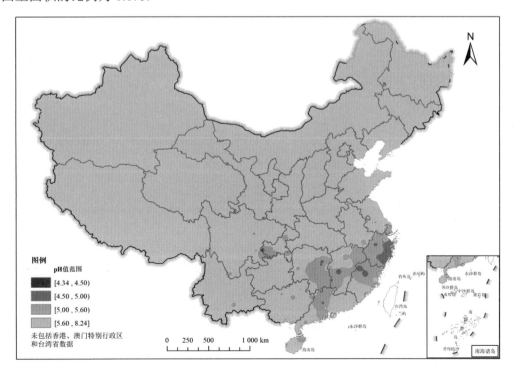

图 2.2-5 2018 年全国酸雨分布示意

2.2.6 酸雨变化趋势

2.2.6.1 酸雨城市比例和酸雨频率

全国的 252 个可比市（县）数据分析结果表明，2001—2018 年，酸雨、较重酸雨和重酸雨城市比例均总体呈下降趋势。其中，2005 年以前基本呈上升趋势，之后波动下降。

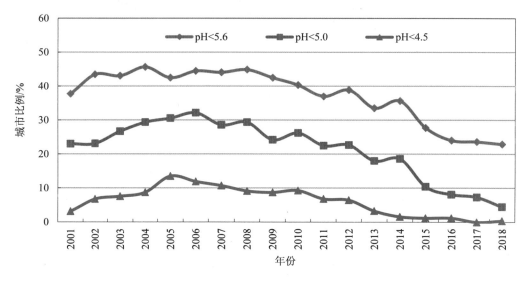

图 2.2-6　2001—2018 年全国酸雨城市比例年际变化

2001—2018 年，全国酸雨发生频率总体呈下降趋势。其中，2006 年之前逐年上升，之后波动下降。

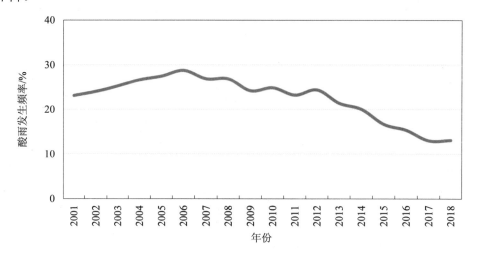

图 2.2-7　2001—2018 年全国酸雨发生频率年际变化

2.2.6.2 降水化学组成

252 个可比市（县）的统计结果表明，2001—2018 年，全国降水主要阴离子中，硫酸根离子当量浓度比例总体呈下降趋势，硝酸根离子和氯离子总体呈上升趋势，氟离子基本保持稳定；主要阳离子中，钙离子当量浓度比例先降后升，钠离子总体呈上升趋势，其他阳离子基本保持稳定。

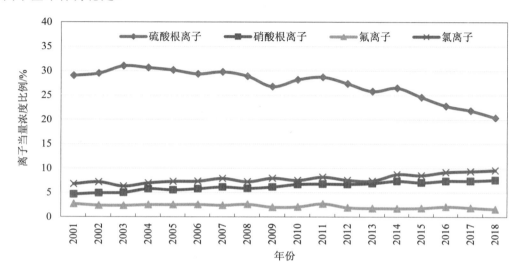

图 2.2-8 2001—2018 年阴离子当量浓度比例年际变化

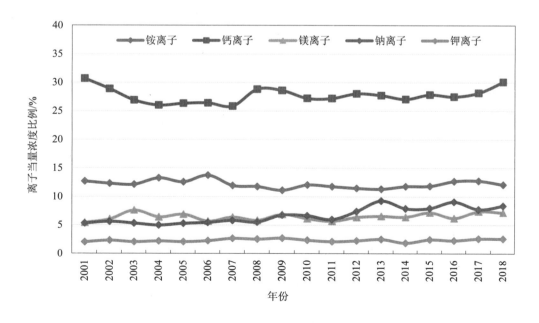

图 2.2-9 2001—2018 年阳离子当量浓度比例年际变化

2.2.6.3 酸雨面积及区域分布

2001—2018 年，全国酸雨区面积占国土面积的比例范围为 5.5%～15.6%，总体呈下降趋势；较重酸雨区面积比例先升后降；重酸雨区面积比例基本保持稳定。

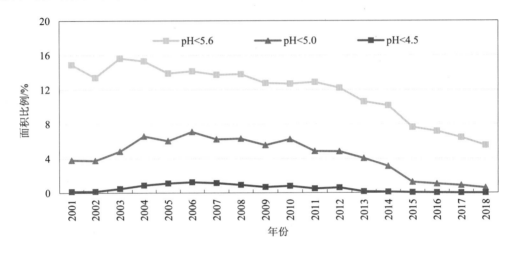

图 2.2-10 2001—2018 年全国酸雨面积占国土面积比例年际变化

2.2.6.4 酸雨类型

202 个可比市（县）的统计结果表明，2005—2018 年，硝酸根（NO_3^-）与硫酸根（SO_4^{2-}）当量浓度比例总体呈上升趋势，由 2005 年的 0.21 升至 2018 年的 0.57。表明酸雨类型由以硫酸型为主逐渐向硫酸-硝酸复合型转变。

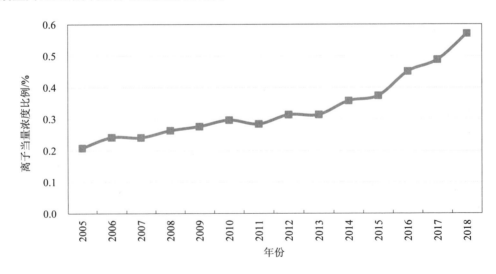

图 2.2-11 2005—2018 年全国 NO_3^- 和 SO_4^{2-} 当量浓度比例年际变化

2.3　淡水

2.3.1　全国

　　2018 年，全国地表水总体为轻度污染，与上年相比无明显变化。主要污染指标为化学需氧量、总磷和氨氮，断面超标率分别为 15.3%、14.4% 和 8.9%。1 935 个国考断面中，Ⅰ类水质断面 91 个，占 4.7%；Ⅱ类 759 个，占 39.2%；Ⅲ类 524 个，占 27.1%；Ⅳ类 324 个，占 16.7%；Ⅴ类 108 个，占 5.6%；劣Ⅴ类 129 个，占 6.7%。与上年相比，Ⅰ类水质断面比例上升 2.4 个百分点，Ⅱ类上升 6.1 个百分点，Ⅲ类下降 5.4 个百分点，Ⅳ类下降 0.2 个百分点，Ⅴ类下降 1.3 个百分点，劣Ⅴ类下降 1.6 个百分点。

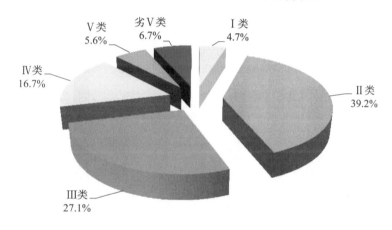

图 2.3-1　2018 年全国地表水水质类别比例

　　22 个国考断面出现 28 次重金属超标现象。超标断面分布在长江流域、黄河流域、珠江流域、海河流域、辽河流域、浙闽片河流、太湖流域和滇池流域。分省份来看，超标断面分布在云南（3 个）、河北（3 个）、辽宁（3 个）、山西（2 个）、广东（2 个）、宁夏（2 个）、山东（1 个）、北京（1 个）、内蒙古（1 个）、江苏（1 个）、湖南（1 个）、湖北（1 个）、福建（1 个）。

　　在重金属超标断面中，汞超标 7 个、砷超标 5 个、硒超标 3 个、六价铬超标 3 个、锌超标 2 个、铜超标 1 个、铅超标 1 个。各超标断面重金属污染程度不同：汞超标倍数范围为 0.1～2.9 倍，最大超标断面为长江流域北河聂家滩断面；砷超标倍数范围为 0.1～1.3 倍，最大超标断面为黄河流域浍河西曲村断面；硒超标倍数范围为 0.2～0.5 倍，最大超标断面为黄河流域清水河泉眼山断面；六价铬超标倍数范围为 0.4～1.4 倍，最大超标断面为海河流域北排河齐家务断面；锌超标倍数范围为 0.3～5.1 倍，最大超标断面为海河流域洺河沙阳断面；铜超标倍数为 0.7 倍，超标断面为辽河流域太子河刘家台断面；铅超标倍数为 2.2 倍，超标断面为辽河流域柴河水库入库口断面。

2.3.2 主要江河

2018 年，主要江河总体为轻度污染，主要污染指标为化学需氧量、氨氮和总磷。长江、黄河、珠江、松花江、淮河、海河、辽河七大流域和浙闽片河流、西北诸河、西南诸河监测的 1 613 个水质断面中，Ⅰ类 80 个，占 5.0%；Ⅱ类 694 个，占 43.0%；Ⅲ类 424 个，占 26.3%；Ⅳ类 232 个，占 14.4%；Ⅴ类 72 个，占 4.5%；劣Ⅴ类 111 个，占 6.9%。与上年相比，Ⅰ类水质断面比例上升 2.8 个百分点，Ⅱ类上升 6.3 个百分点，Ⅲ类下降 6.6 个百分点，Ⅳ类下降 0.2 个百分点，Ⅴ类下降 0.7 个百分点，劣Ⅴ类下降 1.5 个百分点。

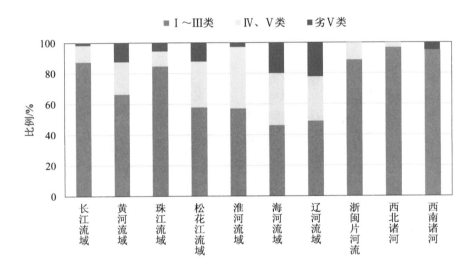

图 2.3-2 2018 年主要江河水质状况

西北诸河和西南诸河水质为优，长江流域、珠江流域和浙闽片河流水质良好，黄河流域、松花江流域和淮河流域为轻度污染，海河流域和辽河流域为中度污染。

2.3.2.1 长江流域

（1）水质状况

2018 年，长江流域水质良好。510 个水质断面中，Ⅰ类占 5.7%，Ⅱ类占 54.7%，Ⅲ类占 27.1%，Ⅳ类占 9.0%，Ⅴ类占 1.8%，劣Ⅴ类占 1.8%。与上年相比，Ⅰ类水质断面比例上升 3.5 个百分点，Ⅱ类上升 10.4 个百分点，Ⅲ类下降 10.9 个百分点，Ⅳ类下降 1.2 个百分点，Ⅴ类下降 1.3 个百分点，劣Ⅴ类下降 0.4 个百分点。

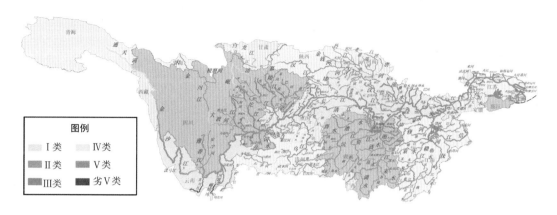

图 2.3-3　2018 年长江流域水质分布示意

长江干流水质为优。59 个水质断面中，Ⅰ类占 6.8%，Ⅱ类占 78.0%，Ⅲ类占 15.3%，无Ⅳ类、Ⅴ类和劣Ⅴ类。与上年相比，Ⅱ类水质断面比例上升 37.3 个百分点，Ⅲ类下降 37.2 个百分点，其他类均持平。

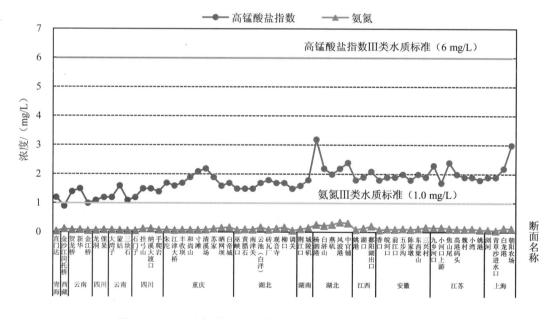

图 2.3-4　2018 年长江干流高锰酸盐指数和氨氮浓度沿程变化

长江主要支流水质良好。451 个水质断面中，Ⅰ类占 5.5%，Ⅱ类占 51.7%，Ⅲ类占 28.6%，Ⅳ类占 10.2%，Ⅴ类占 2.0%，劣Ⅴ类占 2.0%。与上年相比，Ⅰ类水质断面比例上升 3.9 个百分点，Ⅱ类上升 6.9 个百分点，Ⅲ类下降 7.5 个百分点，Ⅳ类下降 1.3 个百分点，Ⅴ类下降 1.5 个百分点，劣Ⅴ类下降 0.4 个百分点。

长江流域省界断面水质为优。60 个水质断面中，Ⅰ类占 11.7%，Ⅱ类占 70.0%，Ⅲ类占 13.3%，Ⅳ类占 5.0%，无Ⅴ类和劣Ⅴ类。与上年相比，Ⅰ类水质断面比例上升 5.0 个百分点，Ⅱ类上升 11.7 个百分点，Ⅲ类下降 15.0 个百分点，Ⅳ类下降 1.7 个百分点，其他类均持平。

（2）超标指标

2018 年，长江流域排名前三位的超标指标为总磷、化学需氧量和氨氮，断面超标率分别为 5.3%、5.1%和 4.5%。

表 2.3-1　2018 年长江流域超标指标情况

指标	统计断面数/个	年均值断面超标率/%	年均值范围/（mg/L）	年均值超标最高断面及超标倍数	
				断面名称	超标倍数
总磷	510	5.3	未检出～1.102	螳螂川昆明市富民大桥	4.5
化学需氧量	510	5.1	未检出～30.9	江安河成都市二江寺	0.5
氨氮	510	4.5	0.03～4.00	神定河十堰市神定河口	3.0
五日生化需氧量	509	1.0	未检出～7.7	龙川江楚雄彝族自治州西观桥	0.9
高锰酸盐指数	509	0.6	0.9～7.1	通扬运河扬州市大寨桥	0.2
溶解氧	510	0.6	3.4～10.6	苏州河闸北区浙江路桥	—
石油类	510	0.4	未检出～0.07	神定河十堰市神定河口	0.4
氟化物	510	0.2	0.05～1.43	螳螂川昆明市富民大桥	0.4

2.3.2.2　黄河流域

（1）水质状况

2018 年，黄河流域为轻度污染，主要污染指标为氨氮、化学需氧量和五日生化需氧量。137 个水质断面中，Ⅰ类占 2.9%，Ⅱ类占 45.3%，Ⅲ类占 18.2%，Ⅳ类占 17.5%，Ⅴ类占 3.6%，劣Ⅴ类占 12.4%。与上年相比，Ⅰ类水质断面比例上升 1.4 个百分点，Ⅱ类上升 16.1 个百分点，Ⅲ类下降 8.8 个百分点，Ⅳ类上升 1.4 个百分点，Ⅴ类下降 6.6 个百分点，劣Ⅴ类下降 3.7 个百分点。

黄河干流水质为优。31 个水质断面中，Ⅰ类占 6.5%，Ⅱ类占 80.6%，Ⅲ类占 12.9%，无Ⅳ类、Ⅴ类和劣Ⅴ类。与上年相比，Ⅱ类水质断面比例上升 22.5 个百分点，Ⅲ类下降 19.4 个百分点，Ⅳ类下降 3.2 个百分点，其他类均持平。

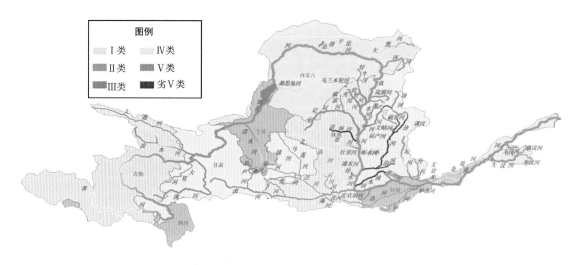

图 2.3-5 2018 年黄河流域水质分布示意

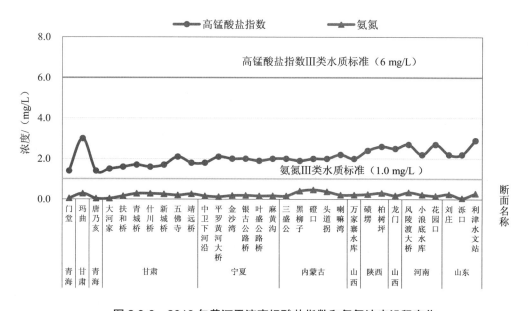

图 2.3-6 2018 年黄河干流高锰酸盐指数和氨氮浓度沿程变化

黄河主要支流为轻度污染，主要污染指标为氨氮、化学需氧量和五日生化需氧量。106 个水质断面中，Ⅰ类占 1.9%，Ⅱ类占 34.9%，Ⅲ类占 19.8%，Ⅳ类占 22.6%，Ⅴ类占 4.7%，劣Ⅴ类占 16.0%。与上年相比，Ⅰ类水质断面比例上升 1.9 个百分点，Ⅱ类上升 14.1 个百分点，Ⅲ类下降 5.7 个百分点，Ⅳ类上升 2.8 个百分点，Ⅴ类下降 8.5 个百分点，劣Ⅴ类下降 4.8 个百分点。

黄河流域省界断面为轻度污染，主要污染指标为氨氮、化学需氧量和五日生化需氧量。39 个水质断面中，Ⅰ类占 2.6%，Ⅱ类占 59.0%，Ⅲ类占 7.7%，Ⅳ类占 15.4%，Ⅴ类占 7.7%，劣Ⅴ类占 7.7%。与上年相比，Ⅱ类水质断面比例上升 35.9 个百分点，Ⅲ类下降 25.6 个百分点，Ⅳ类下降 2.5 个百分点，劣Ⅴ类下降 7.7 个百分点，其他类均持平。

（2）超标指标

2018 年，黄河流域排名前三位的超标指标为氨氮、化学需氧量和五日生化需氧量，断面超标率分别为 18.2%、16.8% 和 13.1%。

表 2.3-2　2018 年黄河流域超标指标情况

指标	统计断面数/个	年均值断面超标率/%	年均值范围/（mg/L）	年均值超标最高断面及超标倍数	
				断面名称	超标倍数
氨氮	137	18.2	0.04～17.29	磁窑河晋中市桑柳树	16.3
化学需氧量	137	16.8	6.4～98.4	磁窑河晋中市桑柳树	3.9
五日生化需氧量	137	13.1	0.7～23.4	磁窑河晋中市桑柳树	4.8
总磷	137	10.2	0.007～2.522	涑水河运城市张留庄	11.6
氟化物	137	8.0	0.13～1.83	涑水河运城市张留庄	0.8
高锰酸盐指数	137	6.6	1.3～37.0	磁窑河晋中市桑柳树	5.2
石油类	137	3.6	0.005～0.21	涑水河运城市张留庄	3.2
挥发酚	137	2.2	0.000 2～6.776 6	磁窑河晋中市桑柳树	1 354.3
溶解氧	137	1.5	3.9～12.1	浍河运城市西曲村	—
阴离子表面活性剂	137	0.7	0.02～0.26	涑水河运城市张留庄	0.3

2.3.2.3　珠江流域

（1）水质状况

2018 年，珠江流域水质良好。165 个水质断面中，Ⅰ类占 4.8%，Ⅱ类占 61.8%，Ⅲ类占 18.2%，Ⅳ类占 7.9%，Ⅴ类占 1.8%，劣Ⅴ类占 5.5%。与上年相比，Ⅰ类水质断面比例上升 1.8 个百分点，Ⅱ类上升 5.4 个百分点，Ⅲ类下降 9.7 个百分点，Ⅳ类上升 1.8 个百分点，Ⅴ类下降 0.6 个百分点，劣Ⅴ类上升 1.3 个百分点。

珠江干流水质良好。50 个水质断面中，Ⅰ类占 2.0%，Ⅱ类占 64.0%，Ⅲ类占 20.0%，Ⅳ类占 10.0%，Ⅴ类占 2.0%，劣Ⅴ类占 2.0%。与上年相比，Ⅱ类水质断面比例上升 4.0 个百分点，Ⅲ类下降 4.0 个百分点，其他类均持平。

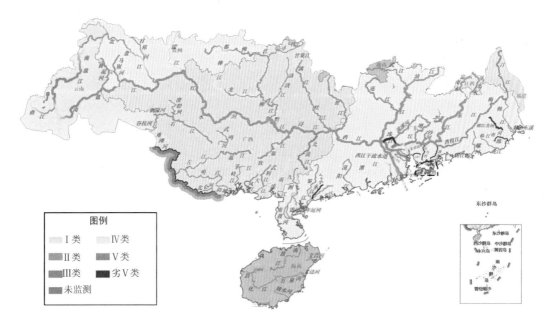

图 2.3-7　2018 年珠江流域水质分布示意

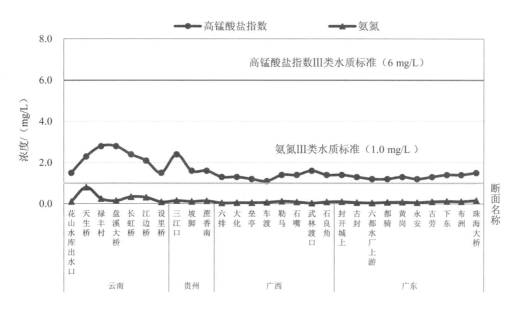

图 2.3-8　2018 年珠江干流高锰酸盐指数和氨氮浓度沿程变化

　　珠江主要支流水质良好。101 个水质断面中，Ⅰ类占 6.9%，Ⅱ类占 58.4%，Ⅲ类占 16.8%，Ⅳ类占 7.9%，Ⅴ类占 2.0%，劣Ⅴ类占 7.9%。与上年相比，Ⅰ类水质断面比例上升 2.9 个百分点，Ⅱ类上升 7.9 个百分点，Ⅲ类下降 14.9 个百分点，Ⅳ类上升 2.9 个百分点，Ⅴ类下降 1.0 个百分点，劣Ⅴ类上升 2.0 个百分点。

海南岛内河流水质为优。14 个水质断面中，II 类占 78.6%，III 类占 21.4%，无其他类。与上年相比，II 类水质断面比例下降 7.1 个百分点，III 类上升 7.1 个百分点，其他类均持平。

珠江流域省界断面水质为优。17 个水质断面中，I 类占 11.8%，II 类占 76.5%，III 类占 11.8%，无其他类。与上年相比，I 类水质断面比例上升 5.9 个百分点，II 类上升 17.7 个百分点，III 类下降 23.5 个百分点，其他类均持平。

（2）超标指标

2018 年，珠江流域排名前三位的超标指标为氨氮、溶解氧和总磷，断面超标率均为 7.9%。

表 2.3-3　2018 年珠江流域超标指标情况

指标	统计断面数/个	年均值断面超标率/%	年均值范围/（mg/L）	年均值超标最高断面及超标倍数	
				断面名称	超标倍数
氨氮	165	7.9	0.03～8.86	石马河东莞市旗岭	7.9
溶解氧	165	7.9	1.7～9.4	茅洲河东莞市、深圳市共和村	—
总磷	165	7.9	0.011～0.937	茅洲河东莞市、深圳市共和村	3.7
五日生化需氧量	165	4.8	未检出～7.7	练江汕头市海门湾桥闸	0.9
化学需氧量	165	4.2	未检出～35.1	练江汕头市海门湾桥闸	0.8
高锰酸盐指数	165	1.8	0.9～9.7	练江汕头市海门湾桥闸	0.6
石油类	165	1.2	未检出～0.13	淡水河惠州市紫溪	1.6

2.3.2.4　松花江流域

（1）水质状况

2018 年，松花江流域为轻度污染，主要污染指标为化学需氧量、高锰酸盐指数和氨氮。107 个水质断面中，无 I 类，II 类占 12.1%，III 类占 45.8%，IV 类占 27.1%，V 类占 2.8%，劣 V 类占 12.1%。与上年相比，I 类水质断面比例持平，II 类下降 2.7 个百分点，III 类下降 7.9 个百分点，IV 类上升 2.1 个百分点，V 类上升 1.9 个百分点，劣 V 类上升 6.5 个百分点。

松花江干流水质为优。17 个水质断面中，II 类占 17.6%，III 类占 76.5%，IV 类占 5.9%，无 I 类、V 类和劣 V 类。与上年相比，II 类水质断面比例上升 5.8 个百分点，IV 类下降 5.9 个百分点，其他类均持平。

图 2.3-9　2018 年松花江流域水质分布示意

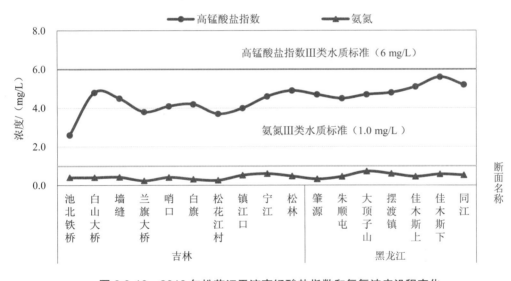

图 2.3-10　2018 年松花江干流高锰酸盐指数和氨氮浓度沿程变化

　　松花江主要支流为中度污染，主要污染指标为化学需氧量、高锰酸盐指数和氨氮。56个水质断面中，无Ⅰ类，Ⅱ类占 12.5%，Ⅲ类占 41.1%，Ⅳ类占 19.6%，Ⅴ类占 3.6%，劣Ⅴ类占 23.2%。与上年相比，Ⅰ类水质断面比例持平，Ⅱ类下降 7.1 个百分点，Ⅲ类下降7.1 个百分点，Ⅳ类下降 1.8 个百分点，Ⅴ类上升 1.8 个百分点，劣Ⅴ类上升 14.3 个百分点。

　　黑龙江水系为轻度污染，主要污染指标为化学需氧量和高锰酸盐指数。17 个水质断面中，Ⅱ类水质断面占 11.8%，Ⅲ类占 23.5%，Ⅳ类占 58.8%，Ⅴ类占 5.9%，无Ⅰ类和劣Ⅴ

类。与上年相比，Ⅰ类水质断面比例持平，Ⅱ类下降4.9个百分点，Ⅲ类下降20.9个百分点，Ⅳ类上升25.5个百分点，Ⅴ类上升5.9个百分点，劣Ⅴ类下降5.6个百分点。

乌苏里江水系为轻度污染，主要污染指标为化学需氧量和高锰酸盐指数。9个水质断面中，Ⅲ类占55.6%，Ⅳ类占44.4%，无Ⅰ类、Ⅱ类、Ⅴ类和劣Ⅴ类。与上年相比，各类水质断面比例均持平。

图们江水系为轻度污染，主要污染指标为氨氮和化学需氧量。7个水质断面中，Ⅱ类占14.3%，Ⅲ类占42.9%，Ⅳ类占42.9%，无Ⅰ类、Ⅴ类和劣Ⅴ类。与上年相比，Ⅱ类水质断面比例上升14.3个百分点，Ⅲ类下降14.2个百分点，其他类均持平。

绥芬河水质良好。1个水质断面为Ⅲ类。

松花江流域省界断面水质良好。23个水质断面中，Ⅱ类占26.1%，Ⅲ类占60.9%，Ⅳ类占13.0%，无Ⅰ类、Ⅴ类和劣Ⅴ类。与上年相比，Ⅱ类水质断面比例下降4.3个百分点，Ⅲ类上升4.4个百分点，其他类均持平。

（2）超标指标

2018年，松花江流域排名前三位的超标指标为化学需氧量、高锰酸盐指数和氨氮，断面超标率分别为31.8%、26.2%和12.1%。

表2.3-4　2018年松花江流域超标指标情况

指标	统计断面数/个	年均值断面超标率/%	年均值范围/（mg/L）	年均值超标最高断面及超标倍数	
				断面名称	超标倍数
化学需氧量	107	31.8	8.6～37.3	伊通河长春市靠山大桥	0.9
高锰酸盐指数	107	26.2	1.9～10.0	洮儿河白城到保大桥	0.7
氨氮	107	12.1	未检出～7.29	伊通河长春市靠山大桥	6.3
五日生化需氧量	107	6.5	0.7～8.0	伊通河长春市靠山大桥	1.0
总磷	107	4.7	未检出～0.559	伊通河长春市靠山大桥	1.8
氟化物	107	0.9	0.05～1.02	松花江长白山保护开发管理委员会池北铁桥	0.02
石油类	107	0.9	未检出～0.06	呼兰河绥化市榆林镇鞍山屯	0.2

2.3.2.5　淮河流域

（1）水质状况

2018年，淮河流域为轻度污染，主要污染指标为化学需氧量、高锰酸盐指数和总磷。180个水质断面中，Ⅰ类占0.6%，Ⅱ类占12.2%，Ⅲ类占44.4%，Ⅳ类占30.6%，Ⅴ类占9.4%，劣Ⅴ类占2.8%。与上年相比，Ⅰ类水质断面比例上升0.6个百分点，Ⅱ类上升5.5个百分点，Ⅲ类上升5.0个百分点，Ⅳ类下降6.1个百分点，Ⅴ类上升0.5个百分点，劣Ⅴ

类下降 5.5 个百分点。

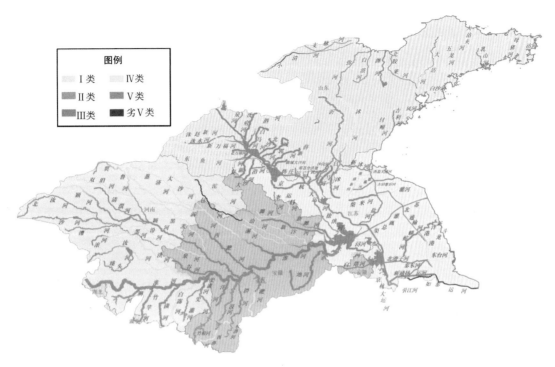

图 2.3-11　2018 年淮河流域水质分布示意

淮河干流水质为优。10 个水质断面中，Ⅱ类占 10.0%，Ⅲ类占 80.0%，Ⅳ类占 10.0%，无Ⅰ类、Ⅴ类和劣Ⅴ类。与上年相比，Ⅱ类水质断面比例上升 10.0 个百分点，Ⅲ类上升 10.0 个百分点，Ⅳ类下降 10.0 个百分点，劣Ⅴ类下降 10.0 个百分点，其他类均持平。

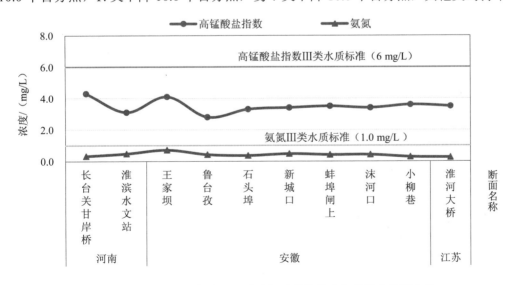

图 2.3-12　2018 年淮河干流高锰酸盐指数和氨氮浓度沿程变化

淮河主要支流为轻度污染，主要污染指标为化学需氧量、总磷和五日生化需氧量。101个水质断面中，Ⅰ类占 1.0%，Ⅱ类占 12.9%，Ⅲ类占 37.6%，Ⅳ类占 35.6%，Ⅴ类占 9.9%，劣Ⅴ类占 3.0%。与上年相比，Ⅰ类水质断面比例上升 1.0 个百分点，Ⅱ类上升 3.0 个百分点，Ⅲ类上升 3.9 个百分点，Ⅳ类下降 4.0 个百分点，Ⅴ类持平，劣Ⅴ类下降 3.9 个百分点。

沂沭泗水系水质良好。48 个水质断面中，Ⅱ类占 14.6%，Ⅲ类占 62.5%，Ⅳ类占 22.9%，无Ⅰ类、Ⅴ类和劣Ⅴ类。与上年相比，Ⅰ类水质断面比例持平，Ⅱ类上升 12.5 个百分点，Ⅲ类上升 6.3 个百分点，Ⅳ类下降 8.3 个百分点，Ⅴ类下降 6.2 个百分点，劣Ⅴ类下降 4.2 个百分点。

山东半岛独流入海河流为轻度污染，主要污染指标为化学需氧量、氨氮和五日生化需氧量。21 个水质断面中，无Ⅰ类，Ⅱ类占 4.8%，Ⅲ类占 19.0%，Ⅳ类占 33.3%，Ⅴ类占 33.3%，劣Ⅴ类占 9.5%。与上年相比，Ⅲ类水质断面比例上升 4.7 个百分点，Ⅳ类下降 9.6 个百分点，Ⅴ类上升 19.0 个百分点，劣Ⅴ类下降 14.3 个百分点，其他类均持平。

淮河流域省界断面为轻度污染，主要污染指标为化学需氧量、总磷和氟化物。30 个水质断面中，无Ⅰ类，Ⅱ类占 16.7%，Ⅲ类占 46.7%，Ⅳ类占 26.7%，Ⅴ类占 6.7%，劣Ⅴ类占 3.3%。与上年相比，Ⅰ类水质断面比例持平，Ⅱ类上升 16.7 个百分点，Ⅲ类上升 3.4 个百分点，Ⅳ类上升 3.4 个百分点，Ⅴ类下降 13.3 个百分点，劣Ⅴ类下降 10.0 个百分点。

（2）超标指标

2018 年，淮河流域排名前三位的超标指标为化学需氧量、高锰酸盐指数和总磷，断面超标率分别为 26.7%、15.0%和 14.4%。

表 2.3-5　2018 年淮河流域超标指标情况

指标	统计断面数/个	年均值断面超标率/%	年均值范围/（mg/L）	年均值超标最高断面及超标倍数	
				断面名称	超标倍数
化学需氧量	180	26.7	6.6～38.2	支脉河东营市陈桥	0.9
高锰酸盐指数	180	15.0	1.8～11.4	北胶莱河青岛市新河大闸	0.9
总磷	180	14.4	0.011～0.461	小清河济南市辛丰庄	1.3
氟化物	180	12.8	0.13～1.42	淮沭新河连云港市新村桥	0.4
五日生化需氧量	180	11.7	0.6～5.5	支脉河东营市陈桥	0.4
氨氮	180	10.0	0.03～3.40	小清河济南市辛丰庄	2.4
石油类	180	1.1	未检出～0.06	小清河潍坊市羊口	0.2

2.3.2.6　海河流域

（1）水质状况

2018 年，海河流域为中度污染，主要污染指标为化学需氧量、高锰酸盐指数和五日生化需氧量。160 个水质断面中，Ⅰ类占 5.6%，Ⅱ类占 21.9%，Ⅲ类占 18.8%，Ⅳ类占 19.4%，Ⅴ类占 14.4%，劣Ⅴ类占 20.0%。与上年相比，Ⅰ类水质断面比例上升 3.7 个百分点，Ⅱ类上升 1.4 个百分点，Ⅲ类下降 0.5 个百分点，Ⅳ类上升 6.4 个百分点，Ⅴ类上升 2.0 个百分点，劣Ⅴ类下降 12.9 个百分点。

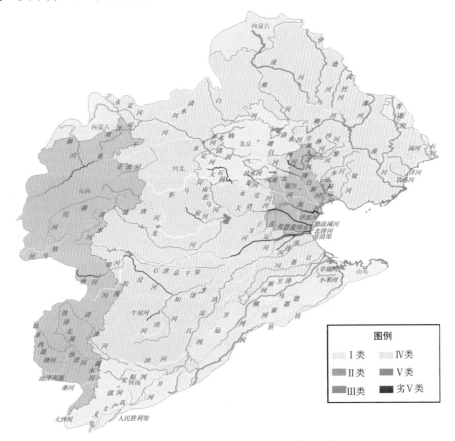

图 2.3-13　2018 年海河流域水质分布示意

海河干流 2 个水质断面，三岔口为Ⅲ类，海河大闸为劣Ⅴ类。与上年相比，水质均无明显变化。

海河主要支流为中度污染，主要污染指标为化学需氧量、高锰酸盐指数和五日生化需氧量。124 个水质断面中，Ⅰ类占 7.3%，Ⅱ类占 20.2%，Ⅲ类占 15.3%，Ⅳ类占 18.5%，Ⅴ类占 13.7%，劣Ⅴ类占 25.0%。与上年相比，Ⅰ类水质断面比例上升 4.9 个百分点，Ⅱ类下降 2.2 个百分点，Ⅲ类上升 0.1 个百分点，Ⅳ类上升 9.7 个百分点，Ⅴ类上升 1.7 个百分点，劣Ⅴ类下降 14.2 个百分点。

滦河水系水质良好。17 个水质断面中，Ⅱ类占 41.2%，Ⅲ类占 47.1%，Ⅳ类占 11.8%，无Ⅰ类、Ⅴ类和劣Ⅴ类。与上年相比，Ⅱ类水质断面比例上升 17.7 个百分点，Ⅲ类上升 5.9 个百分点，Ⅳ类下降 17.6 个百分点，Ⅴ类下降 5.9 个百分点，其他类均持平。

徒骇马颊河水系为轻度污染，主要污染指标为化学需氧量、高锰酸盐指数和五日生化需氧量。11 个水质断面中，Ⅱ类占 27.3%，Ⅳ类占 36.4%，Ⅴ类占 36.4%，无Ⅰ类、Ⅲ类和劣Ⅴ类。与上年相比，Ⅱ类水质断面比例上升 18.2 个百分点，Ⅲ类下降 18.2 个百分点，Ⅳ类上升 18.2 个百分点，劣Ⅴ类下降 18.2 个百分点，其他类均持平。

冀东沿海诸河水系为轻度污染，主要污染指标为化学需氧量、总磷和高锰酸盐指数。6 个水质断面中，Ⅲ类占 33.3%，Ⅳ类占 33.3%，Ⅴ类占 33.3%，无Ⅰ类、Ⅱ类和劣Ⅴ类。与上年相比，Ⅳ类水质断面比例下降 16.7 个百分点，Ⅴ类上升 33.3 个百分点，劣Ⅴ类下降 16.7 个百分点，其他类均持平。

海河流域省界断面为中度污染，主要污染指标为化学需氧量、高锰酸盐指数和五日生化需氧量。47 个水质断面中，Ⅰ类占 8.5%，Ⅱ类占 21.3%，Ⅲ类占 10.6%，Ⅳ类占 25.5%，Ⅴ类占 12.8%，劣Ⅴ类占 21.3%。与上年相比，Ⅰ类水质断面比例上升 6.4 个百分点，Ⅱ类上升 4.6 个百分点，Ⅲ类下降 4.0 个百分点，Ⅳ类上升 19.2 个百分点，Ⅴ类下降 8.0 个百分点，劣Ⅴ类下降 18.3 个百分点。

（2）超标指标

2018 年，海河流域排名前三位的超标指标为化学需氧量、高锰酸盐指数和五日生化需氧量，断面超标率分别为 44.4%、33.1% 和 29.4%。

表 2.3-6　2018 年海河流域超标指标情况

指标	统计断面数/个	年均值断面超标率/%	年均值范围/（mg/L）	年均值超标最高断面及超标倍数	
				断面名称	超标倍数
化学需氧量	160	44.4	未检出～64.8	北排河沧州市齐家务	2.2
高锰酸盐指数	160	33.1	0.7～16.4	北排河沧州市齐家务	1.7
五日生化需氧量	160	29.4	未检出～13.0	府河保定市焦庄	2.2
总磷	160	23.1	未检出～2.181	牛尾河邢台市后西吴桥	9.9
氨氮	160	18.1	未检出～14.46	牛尾河邢台市后西吴桥	13.5
挥发酚	160	8.1	未检出～0.0736	卫河濮阳市南乐元村集	13.7
氟化物	160	6.9	未检出～1.65	桑干河大同市固定桥	0.6
石油类	160	5.6	未检出～0.12	卫河安阳市五陵	1.4
阴离子表面活性剂	160	2.5	未检出～0.36	府河保定市焦庄	0.8
pH 值	160	0.6	7.0～9.1	北排河沧州市齐家务	—

2.3.2.7　辽河流域

（1）水质状况

辽河流域为中度污染，主要污染指标为化学需氧量、五日生化需氧量、氨氮和总磷。

104 个水质断面中，Ⅰ类占 3.8%，Ⅱ类占 28.8%，Ⅲ类占 16.3%，Ⅳ类占 19.2%，Ⅴ类占 9.6%，劣Ⅴ类占 22.1%。与上年相比，Ⅰ类水质断面比例上升 1.0 百分点，Ⅱ类上升 5.2 个百分点，Ⅲ类下降 6.3 个百分点，Ⅳ类下降 5.3 个百分点，Ⅴ类上升 2.1 个百分点，劣Ⅴ类上升 3.2 个百分点。

图 2.3-14　2018 年辽河流域水质分布示意

辽河干流为中度污染，主要污染指标为化学需氧量、高锰酸盐指数和五日生化需氧量。14 个水质断面中，无Ⅰ类，Ⅱ类占 14.3%，Ⅲ类占 7.1%，Ⅳ类占 35.7%，Ⅴ类占 21.4%，劣Ⅴ类占 21.4%。与上年相比，Ⅱ类水质断面比例上升 14.3 个百分点，Ⅲ类下降 6.2 个百分点，Ⅳ类下降 11.0 个百分点，Ⅴ类下降 5.3 个百分点，劣Ⅴ类上升 8.1 个百分点。

辽河主要支流为中度污染，主要污染指标为化学需氧量、总磷和五日生化需氧量。20 个水质断面中，无Ⅰ类，Ⅱ类占 10.0%，Ⅲ类占 20.0%，Ⅳ类占 15.0%，Ⅴ类占 20.0%，劣Ⅴ类占 35.0%。与上年相比，Ⅰ类水质断面比例持平，Ⅱ类上升 10.0 个百分点，Ⅲ类上升 5.7 个百分点，Ⅳ类下降 18.3 个百分点，Ⅴ类上升 15.2 个百分点，劣Ⅴ类下降 12.6 个百分点。

大辽河水系为中度污染，主要污染指标为氨氮、化学需氧量和五日生化需氧量。28 个水质断面中，Ⅰ类占 7.1%，Ⅱ类占 25.0%，Ⅲ类占 14.3%，Ⅳ类占 10.7%，Ⅴ类占 7.1%，劣Ⅴ类占 35.7%。与上年相比，Ⅰ类水质断面比例上升 7.1 个百分点，Ⅱ类下降 10.7 个百分点，Ⅲ类下降 10.7 个百分点，Ⅳ类上升 3.6 个百分点，Ⅴ类持平，劣Ⅴ类上升 10.7 个百分点。

大凌河水系为轻度污染，主要污染指标为化学需氧量、氨氮和氟化物。11 个水质断面中，Ⅱ类占 36.4%，Ⅲ类占 27.3%，Ⅳ类占 27.3%，劣Ⅴ类占 9.1%，无Ⅰ类和Ⅴ类。与上年相比，Ⅰ类水质断面比例持平，Ⅱ类上升 9.1 个百分点，Ⅲ类下降 9.1 个百分点，Ⅳ类下降 9.1 个百分点，劣Ⅴ类上升 9.1 个百分点。

鸭绿江水系水质为优。13 个水质断面中，Ⅰ类占 15.4%，Ⅱ类占 76.9%，Ⅳ类占 7.7%，无Ⅲ类、Ⅴ类和劣Ⅴ类。与上年相比，Ⅱ类水质断面比例上升 7.7 个百分点，Ⅲ类下降 15.4 个百分点，Ⅳ类上升 7.7 个百分点，其他类均持平。

辽河流域省界断面为中度污染，主要污染指标为五日生化需氧量、化学需氧量和氨氮。10 个水质断面中，Ⅱ类占 30.0%，Ⅲ类占 20.0%，Ⅳ类占 10.0%，Ⅴ类占 10.0%，劣Ⅴ类占 30.0%，无Ⅰ类。与上年相比，Ⅲ类水质断面比例上升 10.0 个百分点，Ⅴ类上升 10.0 个百分点，劣Ⅴ类下降 20.0 个百分点，其他类均持平。

（2）超标指标

2018 年，辽河流域排名前三位的超标指标为化学需氧量、五日生化需氧量、氨氮和总磷，断面超标率分别为 39.4%、27.9%、26.9% 和 26.9%。

表 2.3-7　2018 年辽河流域超标指标情况

指标	统计断面数/个	年均值断面超标率/%	年均值范围/（mg/L）	年均值超标最高断面及超标倍数	
				断面名称	超标倍数
化学需氧量	104	39.4	未检出～54.4	蒲河沈阳市蒲河沿	1.7
五日生化需氧量	104	27.9	未检出～17.1	东辽河四平市城子上	3.3
氨氮	104	26.9	未检出～12.85	条子河四平市林家	11.8
总磷	104	26.9	未检出～1.632	庞家河锦州市柳家桥	7.2
高锰酸盐指数	104	23.1	1.0～12.8	蒲河沈阳市蒲河沿	1.1
石油类	104	6.7	未检出～0.10	浑河抚顺市戈布桥	1.0
氟化物	104	4.8	未检出～1.62	西细河锦州市高台子	0.6
挥发酚	104	1.0	未检出～0.005 1	大凌河锦州市张家堡	0.02
阴离子表面活性剂	104	1.0	未检出～0.25	海城河鞍山市牛庄	0.2

2.3.2.8　浙闽片河流

（1）水质状况

2018 年，浙闽片河流水质良好。125 个水质断面中，Ⅰ类占 2.4%，Ⅱ类占 52.8%，Ⅲ类占 33.6%，Ⅳ类占 9.6%，Ⅴ类占 1.6%，无劣Ⅴ类。与上年相比，Ⅰ类水质断面比例持平，Ⅱ类上升 12.0 个百分点，Ⅲ类下降 12.0 个百分点，Ⅳ类上升 2.4 个百分点，Ⅴ类下降 1.6 个百分点，劣Ⅴ类下降 0.8 个百分点。

图 2.3-15 2018 年浙闽片河流水质分布示意

浙闽片河流省界断面水质为优。2 个水质断面均为 II 类。

（2）超标指标

2018 年，浙闽片河流排名前三位的超标指标为总磷、氨氮和溶解氧，断面超标率分别为 4.0%、4.0%和 3.2%。

表 2.3-8　2018 年浙闽片河流超标指标情况

指标	统计断面数/个	年均值断面超标率/%	年均值范围/（mg/L）	年均值超标最高断面及超标倍数	
				断面名称	超标倍数
总磷	125	4.0	0.016～0.321	龙江福州市福清海口桥	0.6
氨氮	125	4.0	0.04～1.58	虹桥塘河温州市蒲岐	0.6
溶解氧	125	3.2	4.2～10.1	木兰溪莆田市三江口	—
化学需氧量	125	2.4	未检出～29.5	龙江福州市福清海口桥	0.5

2.3.2.9 西北诸河

（1）水质状况

2018 年，西北诸河水质为优。62 个水质断面中，Ⅰ类占 25.8%，Ⅱ类占 62.9%，Ⅲ类占 8.1%，Ⅳ类占 3.2%，无Ⅴ类和劣Ⅴ类。与上年相比，Ⅰ类水质断面比例上升 12.9 个百分点，Ⅱ类下降 14.5 个百分点，Ⅲ类上升 1.7 个百分点，Ⅳ类上升 1.6 个百分点，Ⅴ类下降 1.6 个百分点，劣Ⅴ类持平。

图 2.3-16　2018 年西北诸河水质分布示意

西北诸河省界断面水质为优。2 个水质断面中，甘—蒙省界王家庄断面为Ⅱ类，青—甘省界黄藏寺断面为Ⅰ类。

（2）超标指标

2018 年，西北诸河排名前四位的超标指标为高锰酸盐指数、化学需氧量、五日生化需氧量和氨氮，断面超标率均为 1.6%。

表 2.3-9　2018 年西北诸河超标指标情况

指标	统计断面数/个	年均值断面超标率/%	年均值范围/（mg/L）	年均值超标最高断面及超标倍数	
				断面名称	超标倍数
高锰酸盐指数	62	1.6	0.6～9.3	锡林河锡林浩特市锡林河	0.6
化学需氧量	62	1.6	未检出～27.4	锡林河锡林浩特市锡林河	0.4
五日生化需氧量	62	1.6	未检出～5.3	锡林河锡林浩特市锡林河	0.3
氨氮	62	1.6	未检出～1.10	克孜河喀什地区十二医院	0.1

2.3.2.10 西南诸河

（1）水质状况

2018 年，西南诸河水质为优。63 个水质断面中，Ⅰ类占 9.5%，Ⅱ类占 73.0%，Ⅲ类占 12.7%，劣 V 类占 4.8%，无 IV 类和 V 类。与上年相比，I 类水质断面比例上升 9.5 个百分点，II 类下降 6.4 个百分点，III 类下降 3.2 个百分点，IV 类下降 3.2 个百分点，V 类持平，劣 V 类上升 3.2 个百分点。

图 2.3-17 2018 年西南诸河水质分布示意

西南诸河省界断面水质为优。2 个水质断面均为 I 类。

（2）超标指标

2018 年，西南诸河排名前三位的超标指标为氨氮、总磷和五日生化需氧量，断面超标率分别为 4.8%、3.2%和 1.9%。

表 2.3-10 2018 年西南诸河超标指标情况

指标	统计断面数/个	年均值断面超标率/%	年均值范围/（mg/L）	年均值超标最高断面及超标倍数	
				断面名称	超标倍数
氨氮	63	4.8	0.03～8.23	思茅河普洱市莲花乡	7.2
总磷	63	3.2	0.013～0.701	思茅河普洱市莲花乡	2.5
五日生化需氧量	52	1.9	0.6～4.6	思茅河普洱市莲花乡	0.2
化学需氧量	63	1.6	未检出～23.7	思茅河普洱市莲花乡	0.2

2.3.2.11 南水北调

（1）南水北调（东线）

1）沿线水环境质量

南水北调（东线）长江取水口夹江三江营断面为 II 类水质，与上年相比有所好转。输水干线京杭运河里运河段、宿迁运河段和韩庄运河段水质为优，与上年相比均有所好转；宝应运河段、不牢河段和梁济运河段水质良好，与上年相比均无明显变化。

表 2.3-11　2018 年南水北调（东线）沿线主要河流水质状况

河流名称	断面名称	汇入湖库	所在地市	水质类别		主要超标指标（超标倍数）
				2018 年	2017 年	
夹江	三江营		扬州	II	III	—
里运河段	槐泗河口			II	III	—
宝应运河段	大运河船闸（宝应船闸）			III	III	—
宿迁运河段	马陵翻水站		宿迁	II	III	—
不牢河段	蔺家坝		徐州	III	III	—
韩庄运河段	台儿庄大桥		枣庄	II	III	—
梁济运河段	李集		济宁	III	III	—
沂河	港上桥	汇入骆马湖	徐州	II	III	—
沿河	李集桥			III	III	—
城郭河	群乐桥		枣庄	III	劣 V	—
洙赵新河	于楼		菏泽	IV	IV	化学需氧量（0.2）、氟化物（0.2）、高锰酸盐指数（0.05）
老运河	西石佛	汇入南四湖		III	III	—
洸府河	东石佛			III	IV	—
泗河	尹沟			III	II	—
白马河	马楼		济宁	III	IV	—
老运河	老运河微山段			III	III	—
西支河	入湖口			III	IV	—
东渔河	西姚			III	IV	—
洙水河	105 公路桥			III	IV	—
大汶河	王台大桥	汇入东平湖	泰安	III	III	—

洪泽湖湖体为中度污染，与上年相比无明显变化，主要污染指标为总磷；营养状态为轻度富营养。

骆马湖湖体水质良好，与上年相比无明显变化；营养状态为轻度富营养。汇入骆马湖的沂河水质为优，与上年相比有所好转。

南四湖湖体水质良好，与上年相比有所好转；营养状态为中营养。汇入南四湖的 11 条河流中，除洙赵新河为轻度污染外，其他河流水质均为良好。与上年相比，城郭河水质明显好转，洸府河、白马河、西支河、东渔河和洙水河有所好转，泗河有所下降，其他河流均无明显变化。

东平湖湖体水质良好，与上年相比有所好转；营养状态为中营养。汇入东平湖的大汶河水质良好，与上年相比无明显变化。

表 2.3-12　2018 年南水北调（东线）沿线主要湖泊水质状况

湖泊名称	所属省份	监测点位数/个	综合营养状态指数	营养状态	水质类别		主要超标指标（超标倍数）
					2018 年	2017 年	
洪泽湖	江苏	6	55.9	轻度富营养	V	V	总磷（1.1）
骆马湖		2	50.6	轻度富营养	III	III	—
南四湖	山东	5	47.3	中营养	III	IV	—
东平湖		2	49.2	中营养	III	IV	—

2）调水期间水环境质量

2018 年，南水北调（东线）一期工程在 1—5 月和 10—12 月两个时段分别进行调水。调水期间调水线路上涉及的 17 个断面中，除东平湖湖北点位为IV类水质外，其他断面均为 II 类、III 类水质。

表 2.3-13　2018 年南水北调（东线）一期工程调水期间干线水质状况

断面（点位）名称	河流（湖库）名称	所属省份	所在地市	水质类别	主要超标指标（超标倍数）
三江营	夹江	江苏	扬州	II	—
江都西闸	芒稻河	江苏	江都	II	—
老山乡	洪泽湖	江苏	淮安	II	—
五叉河口	京杭大运河中运河段	江苏	淮安	III	—
马陵翻水站	京杭大运河中运河段	江苏	宿迁	III	—
骆马湖乡	骆马湖	江苏	宿迁	II	—
三场		江苏	宿迁	III	—
顾勒大桥	徐洪河	江苏	宿迁	III	—
张楼	京杭大运河中运河段	江苏	邳州	II	—
蔺家坝	京杭大运河不牢河段	江苏	徐州	III	—
台儿庄大桥	京杭大运河韩庄运河段	山东	枣庄	II	—

断面（点位）名称	河流（湖库）名称	所属省份	所在地市	水质类别	主要超标指标（超标倍数）
岛东	南四湖	山东	济宁	III	—
南阳		山东	济宁	III	—
李集	京杭大运河梁济运河段	山东	济宁	III	—
八里湾入湖口	柳长河	山东	泰安	III	—
东平湖湖心	东平湖	山东	泰安	III	—
东平湖湖北		山东	泰安	IV	氟化物（0.02）

（2）南水北调（中线）

2018 年，丹江口水库水质为优，与上年相比无明显变化；营养状态为中营养。取水口丹江口水库陶岔断面为Ⅱ类水质，与上年相比有所好转。

汇入丹江口水库的 9 条河流中，官山河水质良好，其他河流水质均为优。与上年相比，天河和浪河水质有所好转，其他河流均无明显变化。

表 2.3-14　2018 年南水北调（中线）源头丹江口水库水质状况

点位名称	所在地市	水质类别	
		2018 年	2017 年
坝上中	十堰	II	II
五龙泉	南阳	II	II
宋岗		II	II
何家湾	十堰	II	III
江北大桥		II	II

表 2.3-15　2018 年南水北调（中线）取水口水质状况

点位名称	所在地市	水质类别	
		2018	2017 年
陶岔	南阳	II	III

表 2.3-16　2018 年南水北调（中线）主要河流水质状况

序号	河流名称	断面名称	所在地市	断面属性	水质类别	
					2018 年	2017 年
1	汉江	烈金坝	汉中		I	I
2		黄金峡		城市河段	II	II

序号	河流名称	断面名称	所在地市	断面属性	水质类别	
					2018 年	2017 年
3	汉江	小钢桥	安康		Ⅱ	Ⅱ
4		老君关		城市河段	Ⅱ	Ⅱ
5		羊尾	十堰	省界	Ⅱ	Ⅱ
6		陈家坡			Ⅱ	Ⅱ
7	淇河	淅川高湾	南阳	入河口	Ⅱ	Ⅱ
8	金钱河	夹河口			Ⅱ	Ⅱ
9	天河	天河口			Ⅱ	Ⅲ
10	堵河	焦家院	十堰	入库口	Ⅱ	Ⅱ
11	官山河	孙家湾			Ⅲ	Ⅲ
12	浪河	浪河口			Ⅱ	Ⅲ
13	丹江	构峪口	商洛		Ⅱ	Ⅱ
14		丹凤下			Ⅱ	Ⅲ
15		淅川荆紫关	南阳	省界	Ⅱ	Ⅱ
16		淅川史家湾		入库口	Ⅱ	Ⅱ
17	老灌河	淅川张营			Ⅱ	Ⅱ

2.3.2.12　三峡库区

（1）水质状况

2018 年，三峡库区长江 38 条主要支流 77 个水质监测断面中，Ⅰ～Ⅲ类水质断面 74 个，Ⅳ类 3 个，无其他类。总磷、化学需氧量和氨氮出现超标，断面超标率分别为 2.6%、2.6% 和 1.3%。

（2）营养状态

77 个监测断面综合营养状态指数范围为 29.5～62.9，水体处于富营养状态的断面占监测断面总数的 18.2%，中营养状态的占 76.6%，贫营养状态的占 5.2%。其中，回水区水体处于富营养状态的断面比例为 20.0%，非回水区为 16.2%。

与上年水华敏感期（3—10 月）相比，回水区 6 月、8—10 月富营养断面比例分别下降 10.5 个、8.3 个、3.8 个和 4.0 个百分点，3—5 月、7 月分别上升 12.7 个、3.6 个、3.9 个和 3.9 个百分点；非回水区 4 月、6 月、7 月、9 月和 10 月富营养断面比例分别下降 6.7 个、1.3 个、6.7 个、3.8 个和 12.2 个百分点，5 月和 8 月分别上升 4.1 个和 1.4 个百分点。

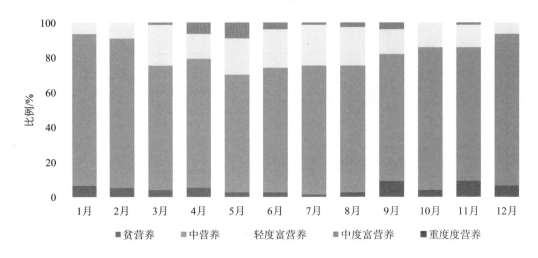

图 2.3-18　2018 年三峡库区长江主要支流水体营养状况

（3）水华状况

2018 年，三峡库区五桥河、大宁河和澎溪河出现水色异常，主要发生在夏季。

2.3.3　湖库

2.3.3.1　总体情况

2018 年，111 个开展监测的重要湖库中，水质为优的湖库有 41 个，占 36.9%；水质良好的 33 个，占 29.7%；轻度污染的 19 个，占 17.1%；中度污染的 9 个，占 8.1%；重度污染的 9 个，占 8.1%。主要污染指标为总磷、化学需氧量和高锰酸盐指数。

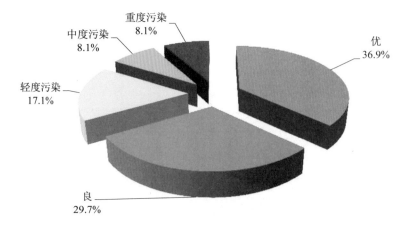

图 2.3-19　2018 年重要湖库水质状况

表 2.3-17 2018 年重要湖库水质状况

分类	个数	优	良好	轻度污染	中度污染	重度污染
三湖/个	3	0	0	2	1	0
重要湖泊/个	56	10	16	13	8	9
重要水库/个	52	31	17	4	0	0
总计/个	111	41	33	19	9	9
比例/%		36.9	29.7	17.1	8.1	8.1

注：三湖指太湖、巢湖和滇池。

107 个监测营养状态的湖库中，中度富营养状态的湖库 6 个，占 5.6%；轻度富营养状态的 25 个，占 23.4%；中营养状态的 66 个，占 61.7%；贫营养状态的 10 个，占 9.3%。

2.3.3.2 重要湖泊

2018 年，除"三湖"外其他监测水质的 56 个重要湖泊中，9 个为重度污染，分别为纳木错、羊卓雍错、艾比湖、呼伦湖、星云湖、异龙湖、大通湖、程海和乌伦古湖（程海、乌伦古湖和纳木错氟化物天然背景值较高，程海和羊卓雍错 pH 天然背景值较高）；8 个为中度污染，分别为杞麓湖、龙感湖、仙女湖、淀山湖、高邮湖、洪泽湖、洪湖和兴凯湖；13 个为轻度污染，分别为白洋淀、白马湖、沙湖、阳澄湖、焦岗湖、菜子湖、南漪湖、鄱阳湖、镜泊湖、乌梁素海、小兴凯湖、洞庭湖和黄大湖；16 个水质良好，分别为色林错、骆马湖、衡水湖、东平湖、斧头湖、瓦埠湖、东钱湖、西湖、梁子湖、南四湖、百花湖、武昌湖、阳宗海、万峰湖、博斯腾湖和赛里木湖；10 个水质为优，分别为班公错、红枫湖、洱海、香山湖、高唐湖、邛海、花亭湖、柘林湖、抚仙湖和泸沽湖。

6 个湖泊总氮为劣Ⅴ类，分别为艾比湖、异龙湖、白洋淀、淀山湖、万峰湖和高唐湖；6 个为Ⅴ类，分别为呼伦湖、杞麓湖、洪泽湖、镜泊湖、洞庭湖和百花湖；16 个为Ⅳ类，分别为星云湖、龙感湖、仙女湖、高邮湖、白马湖、沙湖、阳澄湖、焦岗湖、洪湖、南漪湖、鄱阳湖、骆马湖、东平湖、乌梁素海、西湖和赛里木湖；其他湖泊符合Ⅲ类水质标准。

除"三湖"外其他监测营养状态的 52 个湖泊中，6 个为中度富营养，分别为艾比湖、呼伦湖、星云湖、杞麓湖、异龙湖和龙感湖；16 个为轻度富营养，分别为仙女湖、白洋淀、淀山湖、高邮湖、白马湖、沙湖、洪泽湖、阳澄湖、焦岗湖、洪湖、菜子湖、南漪湖、大通湖、鄱阳湖、骆马湖和衡水湖；3 个为贫营养，分别为柘林湖、抚仙湖和泸沽湖；其他湖泊为中营养。

洱海水华监测共利用 6 景 GF1-WFV 数据，乌梁素海水华监测共利用 31 景 GF1-WFV 数据，兴凯湖水华监测共利用 9 景 GF1-WFV 数据，鄱阳湖水华监测共利用 181 景 MODIS 数据，洞庭湖水华监测共利用 171 景 MODIS 数据。2018 年监测期间，以上湖库均"未见明显水华"。

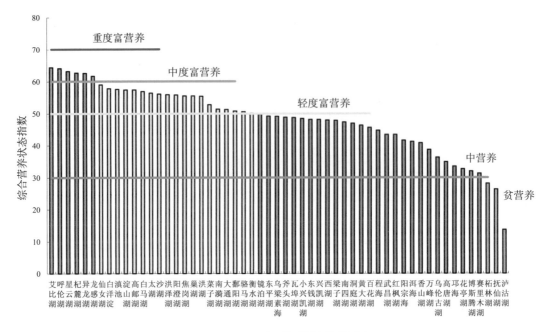

图 2.3-20　2018 年重要湖泊营养状态

（1）太湖

2018 年，太湖湖体为轻度污染，主要污染指标为总磷。其中，西部沿岸区为中度污染，北部沿岸区、湖心区和东部沿岸区为轻度污染。

表 2.3-18　2018 年太湖水质状况及营养状态

湖区	综合营养状态指数	营养状态	水质类别		主要超标指标（超标倍数）
			2018 年	2017 年	
北部沿岸区	56.2	轻度富营养	IV	IV	总磷（0.5）
西部沿岸区	61.0	中度富营养	V	V	总磷（2.0）
湖心区	55.2	轻度富营养	IV	IV	总磷（0.8）
东部沿岸区	49.9	中营养	IV	IV	总磷（0.1）
全湖	56.4	轻度富营养	IV	IV	总磷（0.8）

全湖总氮为IV类。其中，西部沿岸区为劣V类，北部沿岸区和湖心区为IV类，东部沿岸区为III类。

全湖为轻度富营养状态。其中，西部沿岸区为中度富营养状态，北部沿岸区和湖心区为轻度富营养状态，东部沿岸区为中营养状态。

太湖主要环湖河流水质良好。39 条环湖河流的 55 个水质断面中，II 类 18 个，占 32.7%；III 类 26 个，占 47.3%；IV 类 11 个，占 20.0%；无其他类。与上年相比，II 类水质断面比例上升 16.3 个百分点，III 类下降 7.2 个百分点，IV 类下降 1.8 个百分点，V 类下降 7.3 个百分点，其他类均持平。

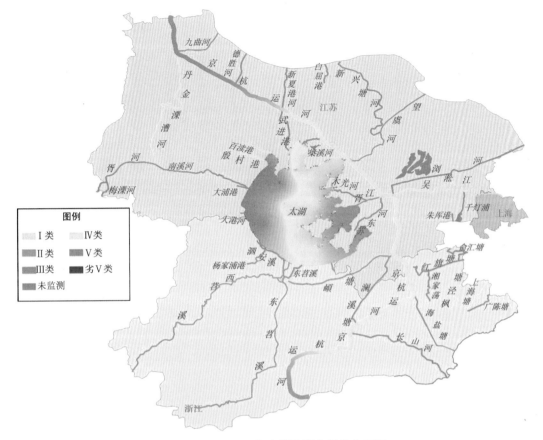

图 2.3-21　2018 年太湖流域水质分布示意

太湖蓝藻水华监测与评价结果显示：2018 年 4—10 月，金墅港、沙渚和渔洋山的水华程度均为"无明显水华"—"轻度水华"。与上年同期相比，金墅港和沙渚水华程度明显减轻，渔洋山水华程度无明显变化。太湖湖体藻类密度范围为 514 万～2 311 万个/L，根据全湖藻类密度平均值判断，水华程度为"轻微水华"—"轻度水华"。其中轻微水华频次比例为 34.3%，比上年上升 15.6 个百分点；"轻度水华"频次比例为 65.7%，比上年下降 15.6 个百分点。水华程度明显减轻。

2018 年，太湖水华遥感监测共利用 347 景 MODIS 数据，开展有效监测（除全云无效影像）237 次。太湖累计水华面积为 15 025.16 km²，比上年下降 39.5%；平均水华面积为 112.13 km²，比上年下降 34.6%；最大水华面积为 573.5 km²，发生在 11 月 24 日，占太湖水体总面积的 24.0%，比上年最大水华面积下降 37.9%，推迟 203 天。水华发生总次数为 134 次，比上年下降 7.6%；发现 18 次"局部性水华"，比上年下降 52.6%。太湖水华规模为"未见明显水华"—"局部性水华"。综合判断，2018 年太湖水华程度比上年有所减轻。

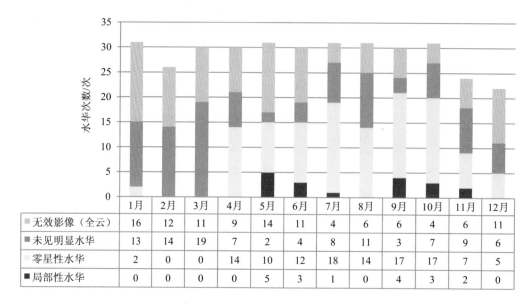

	1月	2月	3月	4月	5月	6月	7月	8月	9月	10月	11月	12月
无效影像（全云）	16	12	11	9	14	11	4	6	6	4	6	11
未见明显水华	13	14	19	7	2	4	8	11	3	7	9	6
零星性水华	2	0	0	14	10	12	18	14	17	17	7	5
局部性水华	0	0	0	0	5	3	1	0	4	3	2	0

图 2.3-22　2018 年太湖水华遥感监测结果月际变化

（2）巢湖

2018 年，巢湖湖体为中度污染，主要污染指标为总磷。其中，西半湖为中度污染，东半湖为轻度污染。

表 2.3-19　2018 年巢湖水质状况及营养状态

湖区	综合营养状态指数	营养状态	水质类别		主要超标指标（超标倍数）
			2018 年	2017 年	
东半湖	54.9	轻度富营养	Ⅳ	Ⅳ	总磷（0.8）
西半湖	55.3	轻度富营养	Ⅴ	Ⅴ	总磷（1.4）
全湖	55.5	轻度富营养	Ⅴ	Ⅴ	总磷（1.0）

全湖总氮为Ⅳ类。其中，西半湖为劣Ⅴ类，东半湖为Ⅳ类。

全湖为轻度富营养状态。其中，东半湖和西半湖均为轻度富营养状态。

巢湖主要环湖河流水质良好。10 条河流的 14 个水质断面中，Ⅱ类 3 个，占 21.4%；Ⅲ类 8 个，占 57.1%；Ⅴ类 1 个，占 7.1%；劣Ⅴ类 2 个，占 14.3%；无Ⅰ类和Ⅳ类。与上年相比，Ⅰ类水质断面比例持平，Ⅱ类上升 14.3 个百分点，Ⅲ类下降 7.2 个百分点，Ⅳ类下降 7.1 个百分点，Ⅴ类上升 7.1 个百分点，劣Ⅴ类下降 7.1 个百分点。

图 2.3-23　2018 年巢湖流域水质分布示意

巢湖蓝藻水华监测与评价结果显示：2018 年 4—10 月，巢湖湖体藻类密度范围为 26 万～1 435 万个/L，根据全湖藻类密度平均值判断，水华程度为"无明显水华"—"轻度水华"。其中"无明显水华"—"轻微水华"频次比例为 96.7%，比上年上升 6.7 个百分点；"轻度水华"频次比例为 3.3%，比上年下降 6.7 个百分点。水华程度有所减轻。

2018 年，巢湖水华遥感监测共利用 340 景 MODIS 数据，开展有效监测（除全云无效影像）220 次。巢湖累计水华面积为 5 504.5 km²，比上年上升 350.0%；平均水华面积为 60.5 km²，比上年上升 123.5%；最大水华面积为 433.7 km²，发生在 9 月 19 日，占巢湖水体总面积的 57.0%，比上年最大水华面积上升 400.0%，提前 20 天。水华发生总次数为 91 次，比上年上升 102.2%；发现 19 次"局部性水华"—"区域性水华"，比上年上升 375.0%。巢湖水华规模为"未见明显水华"—"区域性水华"。综合判断，2018 年巢湖水华程度比上年有所加重。

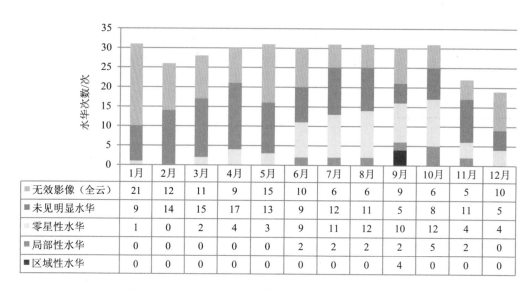

	1月	2月	3月	4月	5月	6月	7月	8月	9月	10月	11月	12月
无效影像（全云）	21	12	11	9	15	10	6	6	9	6	5	10
未见明显水华	9	14	15	17	13	9	12	11	5	8	11	5
零星性水华	1	0	2	4	3	9	11	12	10	12	4	4
局部性水华	0	0	0	0	0	2	2	2	2	5	2	0
区域性水华	0	0	0	0	0	0	0	0	4	0	0	0

图 2.3-24　2018 年巢湖水华遥感监测结果月际变化

（3）滇池

2018 年，滇池湖体为轻度污染，主要污染指标为化学需氧量和总磷。其中，草海和外海均为轻度污染。

表 2.3-20　2018 年滇池水质状况及营养状态

湖区	综合营养状态指数	营养状态	水质类别		主要超标指标（超标倍数）
			2018 年	2017 年	
草海	58.2	轻度富营养	IV	V	总磷（0.7）
外海	57.3	轻度富营养	IV	劣 V	化学需氧量（0.5）、总磷（0.3）
全湖	57.6	轻度富营养	IV	劣 V	化学需氧量（0.4）、总磷（0.4）

全湖总氮为IV类。其中，草海为劣V类，外海为IV类。

全湖为轻度富营养状态。其中，草海和外海均为轻度富营养状态。

滇池主要环湖河流为轻度污染，主要污染指标为氨氮、总磷、化学需氧量和五日生化需氧量。12 条河流的 12 个水质断面中，III类 8 个，占 66.7%；IV类 1 个，占 8.3%；V 类 1 个，占 8.3%；劣V类 2 个，占 16.7%；无 I 类和 II 类。与上年相比，II 类水质断面比例下降 8.3 个百分点，III类上升 41.7 个百分点，IV类下降 41.7 个百分点，劣V类上升 8.4 个百分点，其他类均持平。

滇池蓝藻水华监测与评价结果显示：2018 年 4—10 月，滇池湖体藻类密度范围为 2 410 万～95 536 万个/L，根据全湖藻类密度平均值判断，水华程度为"轻度水华"—"重度水华"。与上年同期相比，"中度水华"—"重度水华"频次比例上升 7.1 个百分点，水华程度有所加重。

图 2.3-25　2018 年滇池流域水质分布示意

2018 年，滇池水华遥感监测共利用 37 景 GF-1WFV 数据，开展有效监测（除全云无效影像）35 次。滇池累计水华面积为 262.5 km²，比上年上升 13.6%；平均水华面积为 14.6 km²，比上年上升 7.3%；最大水华面积为 82.9 km²，发生在 11 月 26 日，占滇池水体总面积的 28.8%，比上年最大水华面积上升 93.0%，推迟 124 天。水华发生总次数为 18 次，比上年上升 5.9%；发现 3 次"局部性水华"，比上年上升 50.0%。滇池水华规模为"未见明显水华"—"局部性水华"。综合判断，2018 年滇池水华程度比上年有所加重。

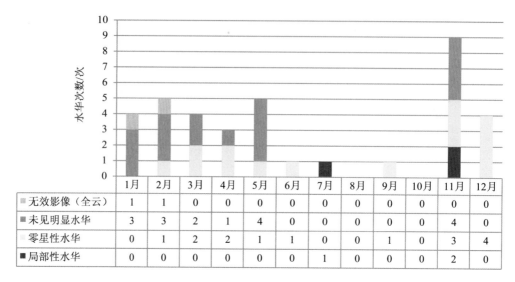

	1月	2月	3月	4月	5月	6月	7月	8月	9月	10月	11月	12月
无效影像（全云）	1	1	0	0	0	0	0	0	0	0	0	0
未见明显水华	3	3	2	1	4	0	0	0	0	0	4	0
零星性水华	0	1	2	2	1	1	0	0	1	0	3	4
局部性水华	0	0	0	0	0	0	1	0	0	0	2	0

图 2.3-26　2018 年滇池水华遥感监测结果月际变化

2.3.3.3　重要水库

2018 年，监测水质的 52 个重要水库中，4 个为中度污染，分别为松花湖、玉滩水库、莲花水库和峡山水库；17 个为良好，分别为于桥水库、察尔森水库、三门峡水库、崂山水库、鹤地水库、磨盘山水库、鸭子荡水库、红崖山水库、山美水库、小浪底水库、鲁班水库、尔王庄水库、董铺水库、白龟山水库、白莲河水库、富水水库和铜山源水库；31 个为优，分别为云蒙湖、大伙房水库、密云水库、昭平台水库、瀛湖、王瑶水库、南湾水库、大广坝水库、龙岩滩水库、水丰湖、高州水库、里石门水库、大隆水库、石门水库、龙羊峡水库、怀柔水库、长潭水库、双塔水库、丹江口水库、解放村水库、黄龙滩水库、鲇鱼山水库、隔河岩水库、千岛湖、太平湖、松涛水库、党河水库、东江水库、湖南镇水库、漳河水库和新丰江水库。

11 个水库总氮为劣 V 类，分别为于桥水库、三门峡水库、崂山水库、云蒙湖、鸭子荡水库、红崖山水库、山美水库、小浪底水库、龙岩滩水库、水丰湖和隔河岩水库；4 个为 V 类，分别为松花湖、玉滩水库、磨盘山水库和大伙房水库；13 个为Ⅳ类，分别为察尔森水库、莲花水库、峡山水库、鹤地水库、尔王庄水库、密云水库、瀛湖、南湾水库、石门水库、怀柔水库、丹江口水库、解放村水库和党河水库；其他水库符合Ⅲ类水质标准。

监测营养状态的 52 个水库中，6 个为轻度富营养状态，分别为松花湖、于桥水库、察尔森水库、玉滩水库、莲花水库和峡山水库；7 个为贫营养状态，分别为太平湖、松涛水库、党河水库、东江水库、湖南镇水库、漳河水库和新丰江水库；其他水库为中营养状态。

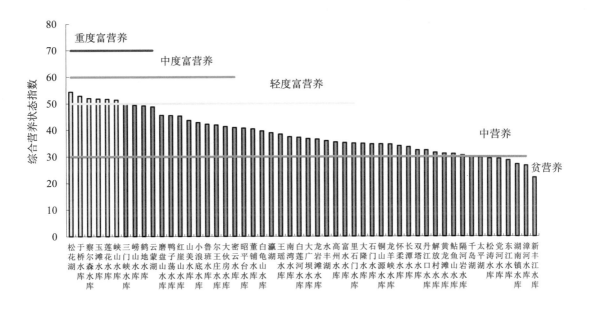

图 2.3-27　2018 年重要水库营养状态

于桥水库水华遥感监测共利用 20 景 GF1-WFV 数据，2018 年监测期间"未见明显水华"。

专栏：重点区域河流干涸断流遥感监测

2018 年，京津冀地区河流干涸断流遥感监测采用高分二号（GF-2）、北京二号（BJ-2）等高空间分辨率遥感影像数据，以及 1∶25 万基础地理信息数据。卫星数据空间分辨率全色 0.8 m，多光谱 3.2 m，全年共利用 GF-2 和 BJ-2 数据 1 472 景。监测频次为 1 次/季，分春（3—5 月）、夏（6—8 月）、秋（9—11 月）三季开展监测，三季影像覆盖率平均为 88.0%。

监测采用目视解译等方法，对 1∶25 万基础地理信息数据库中所列 352 条 1~6 级河流（渠道）开展监测。监测指标包括干涸断流位置、长度、数量、百分比、所在行政区，并根据干涸断流程度分级标准进行分级评价。评价指标为河流干涸程度，采用河流干涸比作为单因子判定标准，即有效影像覆盖的干涸河道长度与有效影像覆盖的河道总长度的比值。

$$河流干涸比（\%）=\frac{干涸河道长度}{河道总长度}\times100\%$$

表 2.3-21　河流干涸断流程度分级标准（暂行）

遥感监测河流干涸比/%	河流干涸断流程度
＝0	未见明显干涸断流
（0，10）	零星性干涸断流
［10，30）	局部性干涸断流
［30，60）	区域性干涸断流
≥60	全面性干涸断流

　　监测结果表明，2018 年，京津冀地区开展监测的 352 条河流（渠道）中，有 307 条监测到干涸断流现象，占 87.2%；春、夏、秋三季均监测到干涸断流的 189 条，占 53.7%。其中，未见明显干涸断流的 45 条，占 12.8%；零星性干涸断流的 37 条，占 10.5%；局部性干涸断流的 81 条，占 23.0%；区域性干涸断流的 74 条，占 21.0%；全面性干涸断流的 115 条，占 32.7%。6 条河流干涸长度超过 100 km，分别为滹沱河、沙河、唐河、慈河、漳河和永定河。

图 2.3-28　2018 年京津冀地区河流干涸断流分布示意

2.3.4　集中式饮用水水源地

2018 年，全国 337 个地级及以上城市 906 个在用集中式生活饮用水水源地监测断面（点位）中，地表水水源地监测断面（点位）577 个（河流型 331 个、湖库型 246 个）、地下水水源地监测点位 329 个。取水总量为 389.59 亿 t，其中达标水量为 377.79 亿 t，占取水总量的 97.0%，与上年持平。

906 个水源地监测断面（点位）中，全年均达标的有 814 个，达标率为 89.8%，比上年下降 0.7 个百分点。地表水水源地监测断面（点位）中有 534 个达标，占 92.5%；43 个存在不同程度超标，主要超标指标为硫酸盐、总磷和锰。地下水水源地监测点位中有 280 个达标，占 85.1%；49 个存在不同程度超标，主要超标指标为锰、铁和氨氮。

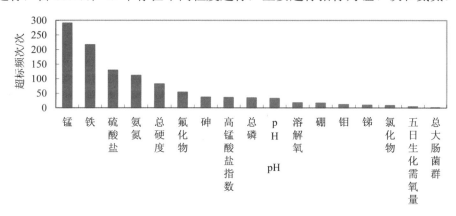

图 2.3-29　2018 年全国地级及以上城市集中式饮用水水源地超标指标情况

337 个城市中，281 个城市水源地达标率为 100%，占 83.4%；8 个城市水源地达标率大于等于 80% 且小于 100%，占 2.4%；22 个城市水源地达标率大于等于 50% 且小于 80%，占 6.5%；5 个城市水源地达标率大于 0 且小于 50%，占 1.5%；21 个城市水源地达标率为 0，占 6.2%。

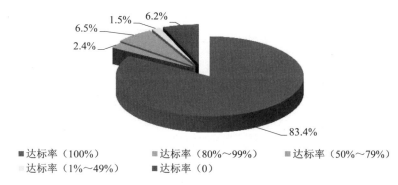

图 2.3-30　2018 年全国地级及以上城市集中式饮用水水源地达标城市比例

2.3.5 水生生物

2018 年，松花江水生生物试点监测结果表明，进行生境评价的 57 个断面中，32 个断面得分不低于 45 分（满分 60 分），生境条件与上年相比变化不大，比较适合水生生物生长。

全流域共采集着生藻类和浮游植物样品 201 个，主要由硅藻门和绿藻门植物组成。共鉴定出着生藻类 101 个属，隶属于 7 个门类。其中，硅藻门 43 个属，占总数的 42.6%；绿藻门 36 个属，占 35.6%；蓝藻门 12 个属，占 11.9%；其他门类共 10 个属，占 9.9%。硅藻门植物的优势地位显著，符合河流生态系统中着生藻类的分布特点。流域内总体物种丰富度较高，群落结构较为稳定。综合评价结果显示，大部分断面（点位）处于轻污染—中污染，河流干流的评价结果总体好于支流，丰水期与平水期变化特征基本一致。

全流域共采集底栖动物样品 178 个，鉴定出 102 个属（种）。其中，水生昆虫 EPT 物种 37 个属（种），占 36.3%；水生昆虫其他物种 26 个属（种），占 25.5%；软体动物 19 个属（种），占 18.6%；甲壳动物 9 个属（种），占 8.8%；环节动物 11 个属（种），占 10.8%。水生昆虫为多数点位的优势类群，EPT 物种出现频率较高。底栖动物综合评价共 47 个断面，其中极清洁点位 1 个，占 2.1%，位于松花江干流；清洁点位 29 个，占 61.7%，主要分布在松花江黑龙江省段及支流；轻污染点位 11 个，占 23.4%；中污染点位 6 个，占 12.8%。

与上年相比，在藻类植物方面，兴凯湖、镜泊湖及嫩江上游断面物种均匀度有所上升，水质有一定程度改善，其他断面保持稳定状态；在底栖动物方面，群落结构变化不大，个别点位优势种有一定变化，水质有小幅改善。

2.3.6 省界水体水质

水利部省界水体水质监测结果显示，2018 年，544 个重要省界断面中，Ⅰ～Ⅲ类、Ⅳ～Ⅴ类和劣Ⅴ类水质断面比例分别为 69.9%、21.1% 和 9.0%。主要污染指标为总磷、化学需氧量、五日生化需氧量和氨氮。与上年相比（543 个可比断面），Ⅰ～Ⅲ类水质断面比例上升 2.6 个百分点，劣Ⅴ类水质断面比例下降 3.9 个百分点。

从水资源分区看，按Ⅰ～Ⅲ类水质断面比例由高至低排序依次为：西南诸河区、珠江区、东南诸河区、长江区（不含太湖水系）、松花江区、黄河区、太湖水系、海河区、淮河区和辽河区。

2.3.7 地下水

2018 年，自然资源部管理的 10 168 个监测点地下水质量综合评价结果为：Ⅰ类水质监测站点占 1.9%，Ⅱ类占 9.0%，Ⅲ类占 2.9%，Ⅳ类占 70.7%，Ⅴ类占 15.5%。超标指标为锰、铁、总硬度、溶解性总固体、碘化物、氯化物、硫酸盐、氟化物、硝酸盐氮、氨氮、铝、砷和亚硝酸盐氮，部分监测点水质存在铅、六价铬、镉、锌、汞等重（类）金属超标现象。其中，锰、铁、总硬度、溶解性总固体、碘化物主要受自然地质背景影响。

水利部负责监测的全国 2 833 处浅层地下水监测井水质总体较差。Ⅰ～Ⅲ类水质监测井占 23.9%，Ⅳ类占 29.2%，Ⅴ类占 46.9%。超标指标为锰、铁、总硬度、溶解性总固体、氨氮、氟化物、铝、碘化物、硫酸盐和硝酸盐氮。锰、铁、铝等重金属指标和氟化物、硫酸盐等无机阴离子指标可能受到水文地质化学背景影响。

2.3.8 内陆渔业水域

2018 年，江河重要渔业水域主要超标指标为总氮。总氮、总磷、高锰酸盐指数、铜、非离子氨、石油类和挥发性酚监测浓度优于评价标准的面积占所监测面积的比例分别为 4.0%、64.0%、67.2%、91.3%、92.2%、96.7% 和 99.5%。与上年相比，非离子氨和石油类超标范围有所增加，总磷、高锰酸盐指数、挥发性酚和铜超标范围均有不同程度减小，总氮超标范围与上年持平。

湖泊、水库重要渔业水域主要超标指标为总氮、总磷和高锰酸盐指数。总氮、总磷、高锰酸盐指数、铜、石油类和挥发性酚监测浓度优于评价标准的面积占所监测面积的比例分别为 3.8%、12.6%、46.0%、85.1%、98.4% 和 100.0%。与上年相比，总氮、总磷和铜超标范围有所增加，高锰酸盐指数、石油类和挥发性酚超标范围有所减小。

41 个国家级水产种质资源保护区（内陆）监测面积为 372.2 万 hm^2，主要超标指标为总氮。总氮、石油类、高锰酸盐指数、总磷、挥发性酚和非离子氨监测浓度优于评价标准的面积占所监测面积的比例分别为 10.5%、93.5%、95.2%、96.3%、97.1% 和 99.1%。

专栏 1：水环境质量预报开展情况

为推动我国环境质量总体改善，中国环境监测总站于 2017 年率先开始筹建水环境质量预测预警体系，陆续调研 10 家一流的高校和科研院所，深入了解国内外水质预测预警研发和应用前沿，形成了我国水质预测预警发展规划初步思路和系统建设顶层设计，组织编制《水环境质量预测预警技术指南（第一版）》，逐步建立起国家水质预测预警业务体系和技术体系。

2018 年，完成重点流域水质预报预警系统（一期）项目建设，围绕京津冀和长江下游典型流域/湖库，按照示范流域、重点流域、重点河段和重点湖库等不同分类和尺度，建立了 13 个不同维度的水质模型，并在白洋淀流域尝试了多模型集合预报，初步实现国考断面未来 7 天的水质预测。开发了预报预警分析、污染源风险评估、多源信息分析、流域控制单元、河湖长制、环境容量分析、追因溯源分析、污染应急分析、综合分析、信息服务等十个功能模块，并持续推进水质预报预警系统的业务化应用。未来计划分阶段建设"国家（流域）-省级-市级"三级水环境质量预测预警体系，逐步提升水污染防治决策支撑能力。

专栏 2：中俄界河联合监测

2006 年，我国和俄罗斯联邦政府签署了《中俄两国跨界水体水质联合监测的谅解备忘录》，技术层面共同商定了《中俄跨界水体水质联合监测计划》。自 2007 年起，中俄双方根据共同制定的年度中俄跨界水体水质联合监测实施方案开展联合监测。

2018 年，中俄双方根据《2018 年中俄跨界水体水质联合监测实施方案》，继续在额尔古纳河、黑龙江、乌苏里江、绥芬河和兴凯湖 5 个跨界水体的 9 个断面开展联合监测。监测频次为 3 月、5 月、6 月和 8 月共 4 次。

中俄跨界水体水质联合监测由各断面所在地中方监测站按照监测实施方案中要求的时间段与俄方相关部门联系，互换参加联合采样的人员名单，明确具体监测日期与会合时间。中俄双方监测人员在约定的时间、地点会合后联合采样。所有采集的样品均一式两份，样品量由双方按照各自的监测技术规范确定。采样结束后，双方代表在采样记录上签字，将样品带回各自的实验室，分别按照各国的国家标准分析方法进行测试，并在规定的时间交换测试结果。

水质监测项目共 40 项，包括流量、溶解氧、化学需氧量等 15 个常规项目，铜、汞、镉等 9 个重金属项目，多氯联苯、DDT、邻苯二甲酸二甲酯等 15 个特定有机物项目，以及富营养化指标叶绿素 a。以《地表水环境质量标准》（GB 3838—2002）中表 1 规定的基本项目为基础，选取中俄跨界水体水质联合监测中涉及的 17 项指标，依据中方监测数据进行水质评价。

2018 年，中俄跨界水体总体为Ⅳ类水质，主要污染指标为高锰酸盐指数和化学需氧量。额尔古纳河整体为Ⅳ类水质，主要污染指标为化学需氧量和高锰酸盐指数，铁、锰在 3 个断面上均超标；其中，嘎洛托断面为Ⅳ类水质，黑山头断面为Ⅴ类水质，室韦断面为Ⅳ类水质。黑龙江整体为Ⅳ类水质，主要污染指标为高锰酸盐指数和化学需氧量，名山上断面铁超标；黑龙江黑河下、名山上和同江东港断面均为Ⅳ类水质。乌苏里江乌苏镇哨所断面为Ⅲ类水质。兴凯湖龙王庙断面为Ⅱ类水质。绥芬河三岔口断面为Ⅲ类水质，铁和锰超标。

与上年相比，额尔古纳河、黑龙江和乌苏里江水质保持稳定，兴凯湖和绥芬河水质有所改善。

表 2.3-22 中俄跨界水体水质联合监测断面

断面序号	水体名称	位 置	承担监测任务单位	断面名称
1	额尔古纳河	内蒙古自治区（中）外贝加尔边疆区（俄）	中方：呼伦贝尔市环境监测中心站 俄方：外贝加尔水文气象和环境监测局	嘎洛托（莫罗勒村）
2				黑山头（库齐村）
3				室韦（奥洛齐）
4	黑龙江	黑龙江省（中）阿穆尔州（俄）	中方：黑河市环境监测中心站 俄方：阿穆尔水文气象和环境监测中心	黑河下（布市下）
5		黑龙江省（中）犹太自治州（俄）	中方：佳木斯市环保监测站 俄方：哈巴罗夫斯克跨地区水文气象和环境监测中心	名山上 1 km（阿穆尔泽特村）
6		黑龙江省（中）犹太自治州（俄）	中方：黑龙江省三江环境监测站 俄方：哈巴罗夫斯克跨地区水文气象和环境监测中心	同江东港（下列宁斯克村）
7	乌苏里江	黑龙江省（中）哈巴罗夫斯克边疆区（俄）		乌苏镇哨所上 2 km（卡扎克维切瓦村上 7 km）
8	兴凯湖	黑龙江省（中）滨海边疆区（俄）	中方：鸡西市环境监测中心站 俄方：滨海边疆区水文气象和环境监测局	龙王庙（松阿察河河口）
9	绥芬河	黑龙江省（中）滨海边疆区（俄）	中方：牡丹江市环境监测中心站 俄方：滨海边疆区水文气象和环境监测局	三岔口（中俄边界处）

专栏 3：中哈界河联合监测

2011 年，我国和哈萨克斯坦签署了《中华人民共和国政府和哈萨克斯坦共和国政府跨界河流水质保护协定》和《中华人民共和国政府和哈萨克斯坦共和国政府环境保护合作协定》。在此基础上，2012 年两国的环境管理部门共同商定了《中哈跨界河流水质监测数据交换方案》，并于 2012 年 7 月起开展中哈跨界河流水质的联合监测。

2018 年，中哈双方继续在中哈跨界河流特克斯河、伊犁河、额尔齐斯河和额敏河的出入境断面上开展联合监测，监测频次为 1 次/月；在霍尔果斯河进行联合监测，监测频次为 1 次/a。

《中哈跨界河流水质监测数据交换方案》规定上游断面每月 9 日采样，下游断面每月 10 日采样。中哈双方在各自的断面采样后，带回实验室进行分析测试。2018 年，霍尔果斯河中哈会晤桥断面的联合采样则是按照双方的商定，于 9 月 17 日同时到达、共同采样。所有的样品均一式两份采集，带回各自的实验室分别按照各国的国家标准分析方法进行测试。上述测定数据每个季度进行一次交换。

水质监测项目共 28 项，包括透明度、溶解氧、化学需氧量等 18 个常规项目和钙、镁、汞等 10 个金属类项目。以《地表水环境质量标准》（GB 3838—2002）中表 1 规定的基本项目为基础，选取中哈跨界河流水质联合监测中涉及的 16 项指标，依据中方监测数据进行水质评价。

2018 年，中哈跨界河流整体水质为优。其中，特克斯河、伊犁河、额尔齐斯河、霍尔果斯河为Ⅰ类水质，额敏河为Ⅲ类水质。与上年相比，水质保持稳定。

表 2.3-23　中哈跨界河流水质监测断面

序号	河流名称	断面名称	断面属性	承担监测任务单位	所在地区
1	特克斯河	解放大桥	下游/入境	伊犁州环境监测站	中国新疆维吾尔自治区伊犁州
2		特克斯	上游/出境	阿拉木图市水文气象局	哈萨克斯坦阿拉木图州纳雷科地区
3	伊犁河	三道河子	上游/出境	伊犁州环境监测站	中国新疆维吾尔自治区伊犁州
4		杜本	下游/入境	阿拉木图市水文气象局	哈萨克斯坦阿拉木图州维吾尔地区
5	额尔齐斯河	南湾	上游/出境	阿勒泰地区环境监测站	中国新疆维吾尔自治区阿勒泰地区
6		布兰	下游/入境	乌斯季卡缅诺戈尔斯克市水文气象局	哈萨克斯坦东哈萨克斯坦州库尔什姆地区
7	霍尔果斯河	中哈会晤桥	界河	中方：伊犁州环境监测站 哈方：阿拉木图市水文气象局	中方：新疆维吾尔自治区伊犁州 哈方：阿拉木图州帕菲洛夫地区
8	额敏河	巴士拜大桥	上游/出境	塔城地区环境监测站	中国新疆维吾尔自治区塔城地区
9		克济尔图	下游/入境	乌斯季卡缅诺戈尔斯克市水文气象局	哈萨克斯坦东哈萨克斯坦州克济尔图地区

专栏 4：城市黑臭水体遥感监测

城市黑臭水体影响城市景观、破坏河流生态系统、影响周边居民的生产生活。《水污染防治行动计划》明确指出，直辖市、省会城市、计划单列市建成区要于 2017 年年底前基本消除黑臭水体；2020 年年底前地级及以上城市要完成黑臭水体治理目标；到 2030 年城市建成区黑臭水体总体得到消除。

黑臭水体遥感监测主要包括上报黑臭水体整治效果评价及疑似黑臭水体筛查。根据多时相卫星影像综合判断上报黑臭水体是否开展了工程整治措施，包括河道修整、垃圾清理、河道疏浚、岸带绿化等；对治理中的黑臭水体进行实地调查，现场根据人工判别指标初步判断黑臭水体情况，同时参考《城市黑臭水体整治工作指南》中的城市黑臭水体污染程度分级标准，采集水样进行氨氮、溶解氧、氧化还原电位和透明度的检测，根据黑臭水体污染程度分级标准判断黑臭水体级别，通过综合技术手段进行黑臭水体整治效果的评价评估。基于黑臭水体遥感算法模型及疑似黑臭水体经验知识开展黑臭水体的遥感筛查识别工作,及时发现整治后复发以及位于监管盲区的黑臭水体,建立长效综合的遥感监管机制,为彻底消除城市黑臭水体提供支撑。

2018 年 6—10 月,对北京、深圳、南京、成都、长沙、济南、沈阳和海口等 8 个重点城市的 219 条上报黑臭水体整治进展及治理效果开展了遥感监测,基于遥感初步判断结果对掌握的黑臭河段开展地面调查。监测结果表明,219 条上报黑臭水体中 202 条已完成整治,彻底消除了黑臭现象,完成整治比例达到 92.2%,完成整治的黑臭河段中有 97 条河流整治效果较好,实现了良好的生态效益和社会效益。

2.4　海洋

2.4.1　海洋环境质量

2.4.1.1　管辖海域

（1）全国

2018 年夏季,一类水质海域面积占管辖海域面积的 96.3%;劣四类水质海域面积为 33 270 km²,比上年同期减少 450 km²。无机氮含量未达到第一类海水水质标准的海域面积为 95 440 km²,其中劣四类水质海域面积为 32 430 km²,主要分布在辽东湾、渤海湾、莱州湾、江苏沿岸、长江口、杭州湾、浙江沿岸和珠江口等近岸海域;活性磷酸盐含量未达到第一类海水水质标准的海域面积为 69 740 km²,其中劣四类水质海域面积为 7 160 km²,主要分布在渤海湾、江苏沿岸、长江口、杭州湾、浙江沿岸和珠江口等近岸海域;石油类

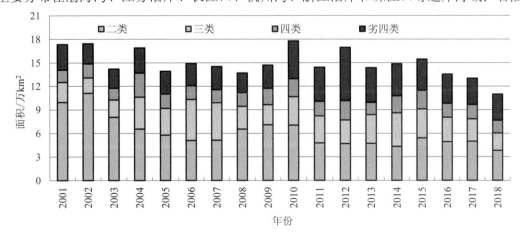

图 2.4-1　2001—2018 年夏季管辖海域未达到第一类海水水质标准的各类海域面积

含量未达到第一、二类海水水质标准的海域面积为 5 920 km², 主要分布在珠江口邻近海域和雷州半岛近岸海域。

2001—2018 年, 夏季管辖海域未达到第一类海水水质标准的海域面积总体呈下降趋势, 2018 年与 2001 年相比, 面积下降 36.7%。2015—2018 年, 夏季管辖海域未达到第一类海水水质标准的海域面积逐年下降。

（2）四大海区

渤海。未达到第一类海水水质标准的海域面积为 21 560 km², 比上年同期增加 2 820 km²; 劣四类水质海域面积为 3 330 km², 比上年同期减少 380 km², 主要分布在辽东湾、渤海湾、莱州湾和滦河口等近岸海域。主要超标指标为无机氮和活性磷酸盐。

黄海。未达到第一类海水水质标准的海域面积为 26 090 km², 比上年同期减少 2 130 km²; 劣四类水质海域面积为 1 980 km², 比上年同期增加 740 km², 主要分布在黄海北部和江苏沿岸等近岸海域。主要超标指标为无机氮和活性磷酸盐。

东海。未达到第一类海水水质标准的海域面积为 44 360 km², 比上年同期减少 16 120 km²; 劣四类水质海域面积为 22 110 km², 比上年同期减少 100 km², 主要分布在长江口、杭州湾、象山港、三门湾和三沙湾等近岸海域。主要超标指标为无机氮和活性磷酸盐。

南海。未达到第一类海水水质标准的海域面积为 17 780 km², 比上年同期减少 5 110 km²; 劣四类水质海域面积为 5 850 km², 比上年同期减少 710 km², 主要分布在珠江口、钦州湾和大风江口等近岸海域。主要超标指标为无机氮、活性磷酸盐和石油类。

表 2.4-1　2018 年夏季管辖海域未达到第一类海水水质标准的各类海域面积　　单位：km²

海区	海域面积				
	二类水质	三类水质	四类水质	劣四类水质	合计
渤海	10 830	4 470	2 930	3 330	21 560
黄海	10 350	6 890	6 870	1 980	26 090
东海	11 390	6 480	4 380	22 110	44 360
南海	5 500	4 480	1 950	5 850	17 780
管辖海域合计	38 070	22 320	16 130	33 270	109 790

（3）海水富营养化

2018 年, 夏季管辖海域呈富营养化状态的海域面积为 56 680 km², 其中轻度富营养、中度富营养和重度富营养海域面积分别为 24 590 km²、17 910 km² 和 14 180 km²。重度富营养海域主要集中在辽东湾、渤海湾、长江口、杭州湾和珠江口等近岸海域。

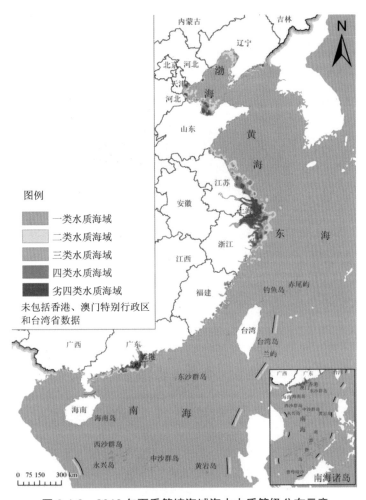

图 2.4-2　2018 年夏季管辖海域海水水质等级分布示意

表 2.4-2　2018 年夏季管辖海域呈富营养状态的海域面积

海区	海域面积/km²			
	轻度富营养	中度富营养	重度富营养	合计
渤海	3 220	660	370	4 250
黄海	9 240	4 630	310	14 180
东海	7 960	10 030	11 740	29 730
南海	4 170	2 590	1 760	8 520
管辖海域合计	24 590	17 910	14 180	56 680

2.4.1.2　近岸海域

（1）全国

2018 年，全国近岸海域水质总体稳中向好，水质级别为一般，主要超标指标为无机氮和活性磷酸盐。417 个监测点位中，水质优良（一类和二类）点位比例为 74.6%，比上年上升 6.7 个百分点；三类为 6.7%，比上年下降 3.4 个百分点；四类为 3.1%，比上年下降 3.4 个百分点；劣四类为 15.6%，与上年持平。

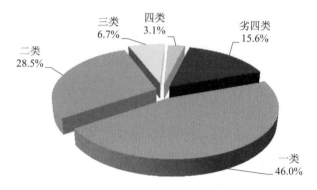

图 2.4-3　2018 年全国近岸海域水质类别比例

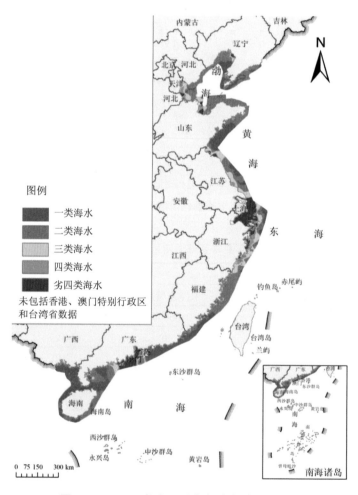

图 2.4-4　2018 年全国近岸海域水质分布示意

（2）四大海区

渤海。近岸海域水质一般，主要超标指标为无机氮。一类海水点位比例为 50.6%，比上年上升 30.8 个百分点；二类为 25.9%，比上年下降 22.2 个百分点；三类为 9.9%，比上年下降 4.9 个百分点；四类为 2.5%，比上年下降 4.9 个百分点；劣四类为 11.1%，比上年上升 1.2 个百分点。

黄海。近岸海域水质良好，主要超标指标为无机氮。一类海水点位比例为 38.5%，比上年上升 1.1 个百分点；二类为 53.8%，比上年上升 8.7 个百分点；三类为 4.4%，比上年下降 5.5 个百分点；四类为 1.1%，比上年下降 4.4 个百分点；劣四类为 2.2%，与上年持平。

东海。近岸海域水质差，主要超标指标为无机氮和活性磷酸盐。一类海水点位比例为 21.2%，比上年上升 5.3 个百分点；二类为 31.0%，与上年持平；三类为 10.6%，比上年下降 1.8 个百分点；四类为 4.4%，比上年下降 5.3 个百分点；劣四类为 32.7%，比上年上升 1.7 个百分点。

南海。近岸海域水质良好，主要超标指标为无机氮和活性磷酸盐。一类海水点位比例为 69.7%，比上年上升 12.1 个百分点；二类为 10.6%，比上年下降 7.6 个百分点；三类为 3.0%，比上年下降 2.3 个百分点；四类为 3.8%，与上年持平；劣四类为 12.9%，比上年下降 2.3 个百分点。

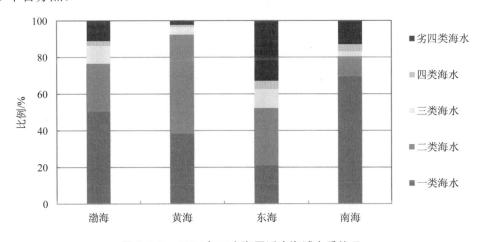

图 2.4-5　2018 年四大海区近岸海域水质状况

（3）重要河口海湾

9 个重要河口海湾中，北部湾近岸海域水质优，胶州湾近岸海域水质良好，辽东湾、渤海湾和闽江口近岸海域水质差，黄河口、长江口、杭州湾和珠江口近岸海域水质极差。

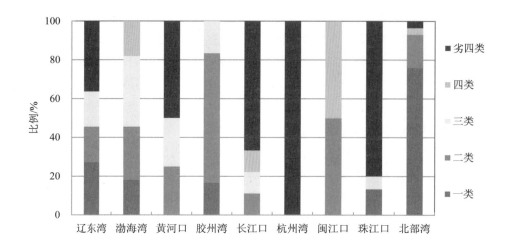

图 2.4-6　2018 年重要河口海湾近岸海域水质状况

（4）沿海省份

沿海省份中，海南、河北和广西近岸海域水质优，辽宁、山东和福建近岸海域水质良好，江苏和广东近岸海域水质一般，天津近岸海域水质差，上海和浙江近岸海域水质极差。

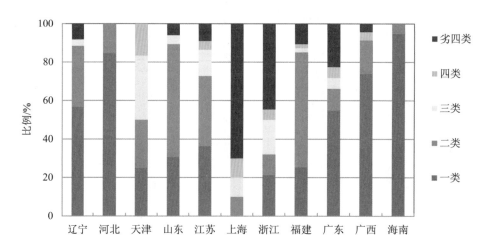

图 2.4-7　2018 年沿海省份近岸海域水质状况

（5）沿海城市

全国 61 个沿海城市中，25 个城市近岸海域水质优，分别为锦州、葫芦岛、秦皇岛、唐山、沧州、揭阳、汕尾、惠州、茂名、北海、防城港、海口、洋浦、澄迈、临高、儋州、昌江、东方、乐东、三亚、陵水、万宁、琼海、文昌和三沙；13 个城市近岸海域水质良好，分别为丹东、大连、滨州、烟台、威海、青岛、日照、福州、莆田、泉州、厦门、漳州和汕头；6 个城市近岸海域水质一般，分别为连云港、盐城、温州、阳江、湛江和钦州；9

个城市近岸海域水质差，分别为营口、天津、东营、南通、宁波、台州、宁德、潮州和江门；8 个城市近岸海域水质极差，分别为盘锦、潍坊、上海、嘉兴、舟山、深圳、中山和珠海。

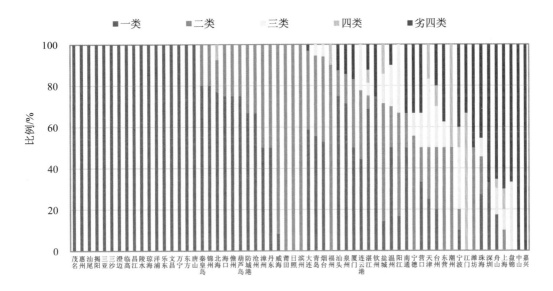

图 2.4-8　2018 年沿海城市近岸海域水质状况

（6）超标指标

2018 年，全国近岸海域主要超标指标为无机氮和活性磷酸盐，其他超标指标包括化学需氧量、pH 值、大肠菌群和粪大肠菌群。与上年相比，活性磷酸盐和化学需氧量点位超标率有所上升，无机氮、pH 值和粪大肠菌群点位超标率有所下降。

四大海区近岸海域中，渤海和黄海主要超标指标为无机氮，东海和南海主要超标指标为无机氮和活性磷酸盐。

表 2.4-3　2018 年全国近岸海域水质指标超标指标情况

海区	主要超标指标（点位超标率）	其他超标指标（点位超标率）
全国	无机氮（25.2%）、活性磷酸盐（10.3%）	化学需氧量（0.7%）、pH 值（0.5%）、大肠菌群（0.4%）、粪大肠菌群（0.2%）
渤海	无机氮（23.5%）	活性磷酸盐（1.2%）
黄海	无机氮（7.7%）	活性磷酸盐（1.1%）
东海	无机氮（47.8%）、活性磷酸盐（23.0%）	化学需氧量（2.7%）
南海	无机氮（18.9%）、活性磷酸盐（11.4%）	pH 值（1.5%）、大肠菌群（1.3%）、粪大肠菌群（0.8%）

1）无机氮

无机氮是全国近岸海域最主要的超标指标，浓度范围为 0.002～2.748 mg/L，平均浓度为 0.263 mg/L，点位超标率为 25.2%。与上年相比，平均浓度和点位超标率均有所下降。超标区域主要集中在珠江口、长江口、辽东湾以及浙江、广东、上海部分近岸海域，最高浓度值出现在营口近岸海域，超过二类海水水质标准值 8.2 倍。

四大海区中，东海近岸海域无机氮平均浓度和点位超标率均最高，平均浓度为 0.426 mg/L，点位超标率为 47.8%；渤海近岸海域无机氮平均浓度为 0.253 mg/L，点位超标率为 23.5%；南海近岸海域无机氮平均浓度为 0.223 mg/L，点位超标率为 18.9%；黄海近岸海域无机氮平均浓度为 0.125 mg/L，点位超标率为 7.7%。

沿海各省份中，上海近岸海域无机氮平均浓度和点位超标率最高，平均浓度为 0.974 mg/L，点位超标率为 90.0%；浙江近岸海域无机氮点位超标率较高，在 50% 以上；辽宁、天津、山东、江苏、福建和广东近岸海域无机氮点位超标率在 10%～50% 之间；河北、广西和海南近岸海域无机氮点位超标率小于 10%。

沿海各城市中，江门、中山、盘锦和嘉兴近岸海域无机氮点位超标率最高，为 100.0%；上海、舟山、宁波、深圳和珠海近岸海域无机氮点位超标率较高，在 50% 以上；营口、东营、潍坊、天津、台州、宁德、阳江、南通、温州、盐城、湛江、钦州、连云港、厦门、泉州、汕头和福州近岸海域无机氮点位超标率在 10%～50% 之间；北海、烟台、青岛、大连、莆田、漳州、茂名、惠州、汕尾、潮州、揭阳、防城港、唐山、秦皇岛、沧州、海口、三亚、三沙、澄迈、临高、昌江、陵水、琼海、儋州、洋浦、乐东、文昌、万宁、东方、丹东、锦州、葫芦岛、威海、日照和滨州近岸海域无机氮点位超标率小于 10%；其他沿海城市近岸海域未出现无机氮超标点位。

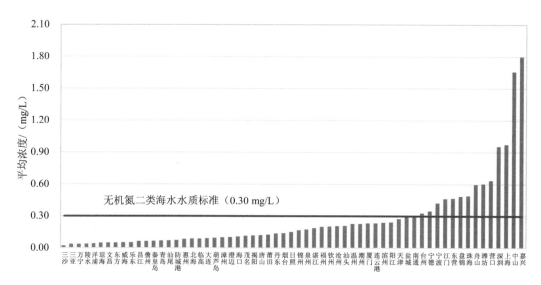

图 2.4-9 2018 年全国沿海城市近岸海域海水无机氮浓度比较

2）活性磷酸盐

全国近岸海域活性磷酸盐浓度范围为未检出～0.160 mg/L，平均浓度为 0.013 mg/L，点位超标率为 10.3%。与上年相比，平均浓度和点位超标率均有所上升。超标区域主要集中在珠江口、杭州湾、长江口以及浙江、广东、上海部分近岸海域，最高浓度值出现在湛江近岸海域，超过二类海水水质标准值 4.3 倍。

3）其他超标指标

化学需氧量。全国近岸海域化学需氧量浓度范围为未检出～14.60 mg/L，平均浓度为 0.88 mg/L，点位超标率为 0.7%。超标区域主要集中在杭州湾和浙江近岸海域。

pH 值。全国近岸海域 pH 值范围为 6.8～8.6，平均为 8.1，点位超标率为 0.5%。超标区域主要集中在广东近岸海域。

大肠菌群。全国近岸海域大肠菌群范围为未检出～24 000 个/L，点位超标率为 0.4%。超标区域主要集中在广东近岸海域。

粪大肠菌群。全国近岸海域粪大肠菌群范围为未检出～24 000 个/L，点位超标率为 0.2%。超标区域主要集中在广东近岸海域。

（7）海水浴场

在游泳季节和旅游时段，对全国 36 个海水浴场开展监测。水质优良的天数占 74.8%，水质一般的天数占 11.6%，水质较差的天数占 13.6%。12 个海水浴场全年水质均为优良，分别为葫芦岛 313 海滨浴场、葫芦岛绥中海水浴场、秦皇岛平水桥浴场、烟台开发区海水浴场、烟台黄海娱乐城海水浴场、日照海水浴场、舟山朱家尖海水浴场、温州南麂大沙岙海水浴场、江门飞沙滩海水浴场、三亚大东海浴场、三亚亚龙湾海水浴场和三亚海棠湾海水浴场。影响浴场水质的主要指标是粪大肠菌群，个别浴场石油类超标或出现少量漂浮物质。

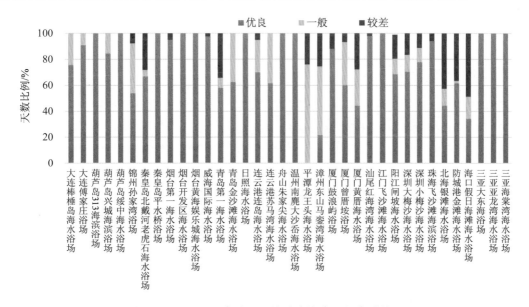

图 2.4-10 2018 年全国沿海城市海水浴场水质状况

2.4.1.3 海洋沉积物质量

2018 年,海洋沉积物监测结果显示,辽河口、海河口、黄河口、长江口、九龙江口和珠江口沉积物质量总体趋好。辽河口、海河口、黄河口、长江口和九龙江口沉积物质量均为良好。其中,辽河口、海河口、黄河口和长江口沉积物质量良好的点位比例均为 100.0%;九龙江口沉积物质量良好的点位比例为 81.8%,个别点位铜和锌超标。珠江口沉积物质量一般,质量良好的点位比例为 64.1%,主要超标指标为铜、石油类和砷,其中铜和石油类超过海洋沉积物质量第三类标准值的点位比例均为 10.3%,砷含量超过海洋沉积物质量第一类标准值的点位比例为 33.3%。

2.4.1.4 海洋环境放射性水平

管辖海域海水放射性水平和 γ 辐射空气吸收剂量率未见异常,近岸海域海水和海洋生物中天然放射性核素活度浓度处于本底水平,人工放射性核素活度浓度未见异常。

辽宁红沿河、山东海阳、江苏田湾、浙江秦山、浙江三门、福建宁德、福建福清、广东大亚湾、广东阳江、广东台山、广西防城港和海南昌江核电站邻近海域海水、沉积物和海洋生物中放射性核素含量处于我国海洋环境放射性本底范围之内。在建的山东石岛湾和辽宁徐大堡核电站邻近海域的放射性背景监测数据未见异常。

日本福岛以东及东南方向的西太平洋海域仍受到 2011 年日本福岛核泄漏事故的影响。该海域海水中铯-137 活度浓度超出核事故前背景水平,核事故特征核素铯-134 仍可检出。海洋生物和沉积物放射性水平未见异常。

2.4.2 海洋生态状况

2.4.2.1 海洋生物多样性

监测区域内,共鉴定浮游植物 718 种、浮游动物 686 种、大型底栖生物 1 572 种、海草 7 种、红树植物 11 种、造礁珊瑚 85 种。

渤海浮游植物 171 种,主要类群为硅藻和甲藻;浮游动物 85 种,主要类群为桡足类和水母类;大型底栖生物 286 种,主要类群为环节动物、软体动物和节肢动物。

黄海浮游植物 212 种,主要类群为硅藻和甲藻;浮游动物 113 种,主要类群为桡足类和水母类;大型底栖生物 305 种,主要类群为环节动物、节肢动物和软体动物。

东海浮游植物 468 种,主要类群为硅藻和甲藻;浮游动物 439 种,主要类群为桡足类和水母类;大型底栖生物 699 种,主要类群为环节动物、节肢动物和软体动物。

南海浮游植物 486 种,主要类群为硅藻和甲藻;浮游动物 505 种,主要类群为桡足类和水母类;大型底栖生物 972 种,主要类群为软体动物、节肢动物和环节动物;海草 7 种;

红树植物 11 种；造礁珊瑚 85 种。

2.4.2.2 典型海洋生态系统

监测的河口、海湾、滩涂湿地、珊瑚礁、红树林和海草床等海洋生态系统中，处于健康、亚健康和不健康状态的海洋生态系统分别占 23.8%、71.4% 和 4.8%。

（1）河口生态系统

双台子河口。呈亚健康状态。海水呈富营养化；浮游植物密度过高，浮游动物密度和生物量过低，鱼卵仔鱼密度过低。

滦河口-北戴河。呈亚健康状态。浮游植物密度过高，浮游动物密度和生物量过低，底栖动物生物量过低，鱼卵仔鱼密度过低。

黄河口。呈亚健康状态。海水呈富营养化；浮游动物生物量过低，底栖动物密度过低、生物量过高，鱼卵仔鱼密度过低。

长江口。呈亚健康状态。海水呈富营养化，监测到低氧区；部分生物体内石油烃、镉、铅、砷残留水平较高；浮游植物密度过高，底栖动物密度过高，鱼卵仔鱼密度过低。

珠江口。呈亚健康状态。海水呈富营养化；浮游植物密度过低，底栖动物密度过低。

（2）海湾生态系统

锦州湾。呈亚健康状态。浮游动物密度过低，底栖动物生物量过高。

渤海湾。呈亚健康状态。海水呈富营养化；浮游植物密度过高，浮游动物密度过高、生物量过低。

莱州湾。呈亚健康状态。海水呈富营养化；浮游动物密度过高，底栖动物密度和生物量过高。

杭州湾。呈不健康状态。海水富营养化严重；浮游动物密度过低、生物量过高，底栖动物密度和生物量过低，鱼卵仔鱼密度过低。

乐清湾。呈亚健康状态。海水呈富营养化；浮游动物生物量过低，底栖动物密度过高、生物量过低。

闽东沿岸。呈亚健康状态。浮游植物密度过高，浮游动物密度过高，鱼卵仔鱼密度过低。

大亚湾。呈亚健康状态。部分生物体内镉、铅、砷残留水平较高，浮游植物密度过高，浮游动物密度过低、生物量过高，底栖动物密度和生物量过低，鱼卵仔鱼密度过低。

（3）滩涂湿地生态系统

苏北浅滩。呈亚健康状态。底栖生物密度和生物量过高，鱼卵仔鱼密度过低。

（4）珊瑚礁生态系统

雷州半岛西南沿岸。呈健康状态。但活珊瑚盖度比五年前有所下降。

广西北海。呈健康状态。硬珊瑚补充量达到 1 个/m^2。

海南东海岸。呈亚健康状态。活珊瑚盖度仍处于较低水平。

西沙珊瑚礁。呈亚健康状态。活珊瑚盖度比上年有所上升，种类保持稳定。

（5）红树林生态系统

广西北海。呈健康状态。红树林群落类型稳定，林相继续保持良好发展势头。

北仑河口。呈健康状态。红树林面积和群落整体呈生长趋势。部分林区发生小面积袋蛾虫害，受灾树种主要为桐花树。

（6）海草床生态系统

广西北海。呈亚健康状态。海草床仍处于退化状态，但海草密度和盖度均比上年有所上升。

海南东海岸。呈健康状态。但海草密度比上年有所下降。

2.4.3 海岸线保护与利用遥感监测

2.4.3.1 海岸线现状

遥感监测结果显示，2018 年，全国沿海 11 个省份的大陆海岸线长度为 20 793.72 km，其中，自然岸线长度 6 860.15 km，自然岸线比例为 33.0%。沿海各省份中，福建自然岸线最长，达 1 538.49 km。

表 2.4-4　2018 年全国大陆海岸线监测现状　　　　　　　　　　单位：km

省份	自然岸线长度	人工岸线长度	总长度
辽宁	617.23	1 570.21	2 187.44
河北	95.01	430.80	525.81
天津	8.88	313.74	322.62
山东	938.15	2 292.69	3 230.84
江苏	242.26	920.16	1 162.42
上海	22.75	190.26	213.01
浙江	891.87	1 404.30	2 296.17
福建	1 538.49	1 940.21	3 478.70
广东	1 012.24	3 127.20	4 139.44
广西	342.14	1 049.27	1 391.41
海南	1 151.12	694.73	1 845.85
合计	6 860.15	13 933.57	20 793.72

2.4.3.2 海岸线开发利用状况

2018 年，海岸线已开发利用岸线达到 13 933.57 km，主要利用类型为渔业岸线和港口岸线，分别达到 7 953.93 km 和 2 587.79 km，分别占开发利用岸线的 57.1% 和 18.6%。从区域分布来看，渔业岸线优势区域主要在广东、山东和福建，港口岸线优势区域主要在广东、山东和辽宁，城镇建设岸线优势区域主要在广东和福建，工业岸线优势区域主要在山东、浙江和福建，海岸防护岸线优势区域主要在浙江和海南，旅游娱乐岸线优势区域主要在山东和辽宁。

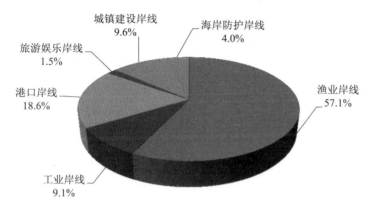

图 2.4-11　2018 年全国大陆海岸线开发利用类型比例

2.4.3.3　2018 年海岸线利用动态变化

遥感监测结果显示，2017—2018 年，大陆海岸线总长度净增长 46.20 km。其中，自然岸线减少 23.14 km，人工岸线增加 71.05 km，自然岸线比例下降 0.2 个百分点。

全国大陆海岸线变化岸段共计 134 处。从海岸线变化类型来看，自然岸线变为人工岸线 25 处，长度 28.64 km，占变化岸线总长度的 18.1%；人工岸线变为自然岸线 5 处，长度 3.40 km，占变化岸线总长度的 2.1%；人工岸线规模扩张 104 处，长度 126.29 km，占变化岸线总长度的 79.8%。

表 2.4-5　2017—2018 年全国大陆海岸线利用动态变化

省份	自然岸线转为人工岸线			人工岸线变为自然岸线			人工岸线规模扩张		
	变化岸段/处	占用上年岸线/km	新生成岸线/km	变化岸段/处	占用上年岸线/km	新生成岸线/km	变化岸段/处	占用上年岸线/km	新生成岸线/km
辽宁	4	0.77	1.33	2	0.98	0.98	4	4.51	5.78
河北	0	0	0	1	1.02	0.61	6	6.64	8.16
天津	2	4.12	2.88	0	0	0	1	1.13	1.07
山东	2	1.12	3.34	1	0.61	0.61	14	16.35	25.76
江苏	5	15.45	17.10	0	0	0	8	30.02	43.60
上海	2	0.75	2.26	0	0	0	1	0.80	1.33

省份	自然岸线转为人工岸线			人工岸线变为自然岸线			人工岸线规模扩张		
	变化岸段/处	占用上年岸线/km	新生成岸线/km	变化岸段/处	占用上年岸线/km	新生成岸线/km	变化岸段/处	占用上年岸线/km	新生成岸线/km
浙江	2	1.87	1.48	0	0	0	5	3.67	3.46
福建	4	1.85	2.78	1	0.80	0.80	23	24.08	32.50
广东	1	1.53	1.53	0	0	0	26	25.67	33.31
广西	1	0.76	1.05	0	0	0	10	8.51	6.52
海南	2	0.41	0.86	0	0	0	6	4.91	5.44
合计	25	28.64	34.60	5	3.40	2.99	104	126.29	166.93

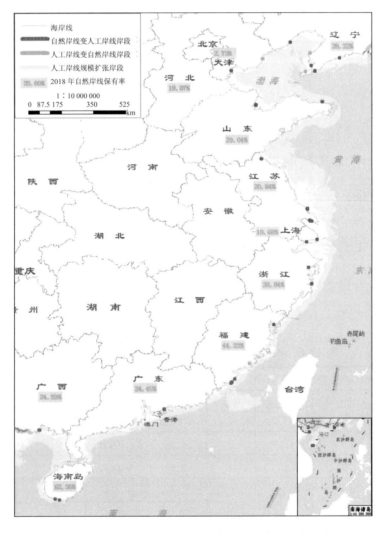

图 2.4-12　2018 年全国大陆海岸线变化岸段分布示意

2.4.3.4 海洋生态保护红线占用情况

遥感监测结果显示，2018 年新增的海岸线利用变化中，占用海洋生态保护红线 2 处，岸段长度 3.67 km，全部是由围海变为填海，改变原有岸线生态功能。

表 2.4-6　2017—2018 年新增海岸线利用变化占用海洋生态保护红线情况

省份	岸段长度/km	岸线利用变化	占用红线名称
上海	—	—	—
浙江	—	—	—
福建	2.42	围海变填海	洛阳镇白沙村至洛江区桥南村自然岸线
广东	1.25	围海变填海	范和港南
广西	—	—	—

注：1. 目前仅有上海、浙江、福建、广东和广西等 5 省份的海洋生态保护红线中单独提供了海岸线红线位置，本报告仅对比分析了上述 5 省份的海洋生态保护红线。

　　2. "—"表示没有新增海岸线利用变化占用红线情况。

2.4.4　主要入海污染源状况

2.4.4.1　入海河流

（1）水质

2018 年，194 个入海河流监测断面中，无 I 类水质断面；II 类 40 个，占 20.6%；III 类 49 个，占 25.3%；IV 类 52 个，占 26.8%；V 类 24 个，占 12.4%；劣 V 类 29 个，占 14.9%。主要污染指标为化学需氧量、高锰酸盐指数和总磷。

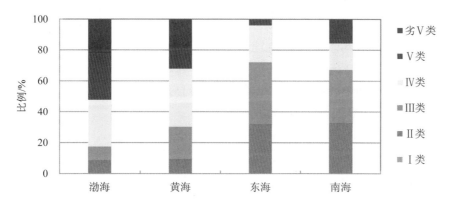

图 2.4-13　2018 年四大海区入海河流水质状况

（2）超标指标

2018 年，入海河流监测指标中，化学需氧量浓度范围为 1.0～167.0 mg/L，平均为 18.8 mg/L，断面超标率最高，为 37.1%；高锰酸盐指数浓度范围为 0.2～28.0 mg/L，平均为 5.0 mg/L，断面超标率为 32.0%；总磷浓度范围为未检出～10.380 mg/L，平均为 0.199 mg/L，断面超标率为30.4%；氨氮浓度范围为未检出～76.80 mg/L，平均为 1.16 mg/L，断面超标率为 25.3%；五日生化需氧量浓度范围为未检出～67.7 mg/L，平均为 3.0 mg/L，断面超标率为 20.6%。

表 2.4-7　2018 年入海河流监测断面水质超标指标情况　　　　单位：%

海区	超标率＞30%	30%≥超标率≥10%	超标率＜10%
全国	化学需氧量（37.1）、高锰酸盐指数（32.0）、总磷（30.4）	氨氮（25.3）、五日生化需氧量（20.6）	氟化物（6.2）、挥发酚（5.7）、石油类（5.7）、溶解氧（4.6）、阴离子表面活性剂（2.6）、汞（0.5）
渤海	化学需氧量（71.7）、高锰酸盐指数（60.9）、总磷（39.1）、五日生化需氧量（34.8）、氨氮（32.6）	挥发酚（17.4）、氟化物（13.0）	石油类（8.7）、阴离子表面活性剂（6.5）、汞（2.2）
黄海	化学需氧量（52.8）、高锰酸盐指数（50.9）、总磷（39.6）、氨氮（32.1）、五日生化需氧量（32.1）	石油类（11.3）、氟化物（11.3）	挥发酚（3.8）、阴离子表面活性剂（1.9）
东海	—	总磷（20.0）、氨氮（12.0）	化学需氧量（8.0）、溶解氧（8.0）
南海	—	总磷（21.4）、氨氮（20.0）、化学需氧量（12.9）、五日生化需氧量（10.0）、高锰酸盐指数（10.0）、溶解氧（10.0）	阴离子表面活性剂（1.4）、石油类（1.4）、挥发酚（1.4）

2.4.4.2　直排海污染源

（1）直排海污染源排放情况

2018 年，453 个日排污水量大于 100 m³ 的直排海污染源污水排放总量约为 866 424 万 t。不同类型污染源中，综合污染源排放污水量最多，其次为工业污染源，生活污染源排放量最少。各项主要污染物排放量中，综合污染源排放量均最多。

表 2.4-8　2018 年直排海污染源排放情况

污染源类型	排口数/个	污水量/万 t	化学需氧量/t	石油类/t	氨氮/t	总氮/t	总磷/t	六价铬/kg	铅/kg	汞/kg	镉/kg
工业	188	387 643	32 078	92.7	915	5 984	124	435.42	2 095.45	19.15	18.00
生活	63	83 641	15 318	69.5	921	6 657	207	482.89	1 382.08	42.50	128.38

污染源 类型	排口 数/个	污水量/ 万t	化学需 氧量/t	石油类/ t	氨氮/ t	总氮/ t	总磷/ t	六价铬/ kg	铅/ kg	汞/ kg	镉/ kg
综合	202	395 140	100 229	295.4	4 381	38 232	949	3 053.74	4 760.35	215.29	260.49
合计	453	866 424	147 625	457.6	6 217	50 873	1 280	3 972.05	8 237.88	276.94	406.87

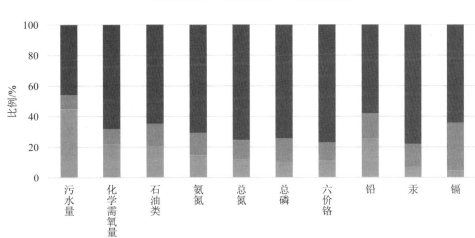

图 2.4-14 2018 年各类直排海污染源主要污染物排放情况

（2）污染物排入四大海区情况

四大海区中，东海污水排放量最多，渤海污水排放量最少。各项主要污染物中，黄海六价铬和汞排放量最大，南海总磷、铅和镉排放量最大，东海其他污染物排放量均最大。

表 2.4-9 2018 年直排海污染源排入四大海区情况

海区	排口 数/个	污水量/ 万t	化学需 氧量/t	石油 类/t	氨氮/t	总氮/t	总磷/t	六价铬/kg	铅/kg	汞/kg	镉/kg
渤海	64	68 720	7 227	12.9	464	3 717	59	297.10	215.77	28.41	68.06
黄海	81	117 183	33 034	116.4	1 313	9 961	252	2 007.29	3 325.41	133.12	90.10
东海	179	556 800	79 800	282.7	2 282	26 533	458	1 283.82	1 120.51	62.91	116.21
南海	129	123 722	27 563	45.7	2 158	10 662	511	383.84	3 576.19	52.51	132.50

（3）沿海省份直排海污染源排放情况

沿海各省份中，福建污水排放量最大，其次是浙江；浙江化学需氧量排放量最大，其次是山东。

表 2.4-10 2018 年沿海省份直排海污染源排放情况

省份	排口数/个	污水量/万 t	化学需氧量/t	石油类/t	氨氮/t	总氮/t	总磷/t	六价铬/kg	铅/kg	汞/kg	镉/kg
辽宁	30	48 548	12 151	43.0	493	3 023	98	233.19	3.03	4.74	—
河北	10	52 510	2 448	—	231	2 191	24	87.12	38.64	20.51	—
天津	12	1 866	615	1.1	41	208	5	33.22	28.99	0.01	0.05
山东	72	77 735	23 271	75.9	938	7 777	170	1 945.12	3 377.69	132.86	157.55
江苏	21	5 244	1 777	9.2	74	479	15	5.73	92.82	3.41	0.56
上海	10	24 640	4 667	23.5	235	2 120	34	143.57	254.33	17.04	35.09
浙江	85	206 736	56 207	189.1	1 445	19 307	301	910.39	750.70	16.89	63.31
福建	84	325 424	18 926	70.0	602	5 106	123	229.86	115.48	28.98	17.81
广东	74	84 815	16 053	22.1	1 507	6 849	293	383.62	2 722.57	46.08	115.10
广西	30	10 109	2 875	12.4	125	1 337	136	—	678.30	4.41	4.39
海南	25	28 798	8 635	11.1	526	2 476	83	0.22	175.32	2.02	13.00

2.4.4.3 海洋大气污染物沉降

（1）海洋大气气溶胶污染物含量

气溶胶中硝酸盐含量最高值（4.1 µg/m³）出现在塘沽监测站，最低值（0.9 µg/m³）出现在广西涠洲岛监测站；铵盐含量最高值（5.4 µg/m³）出现在营口监测站，最低值（1.0 µg/m³）出现在海南博鳌监测站；铜含量最高值（71.0 ng/m³）出现在连云港监测站，最低值（5.3 ng/m³）出现在青岛小麦岛监测站；铅含量最高值（137.7 ng/m³）出现在塘沽监测站，最低值（3.4 ng/m³）出现在广东遮浪监测站。

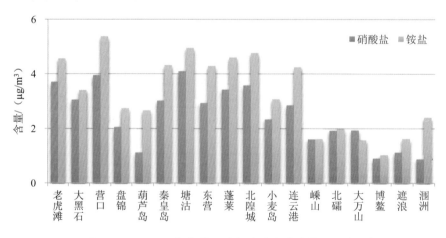

图 2.4-15 2018 年各监测站气溶胶中硝酸盐和铵盐的含量

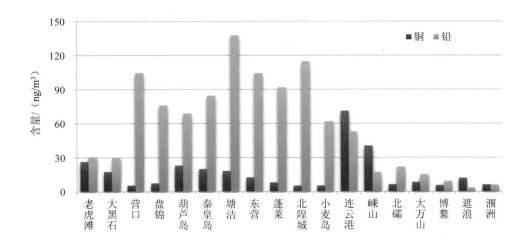

图 2.4-16　2018 年各监测站气溶胶中铜和铅的含量

（2）渤海大气污染物湿沉降

硝酸盐和铵盐湿沉降通量最高值均出现在东营监测站，分别为 1.1 t/（km²·a）和 1.2 t/（km²·a）；硝酸盐湿沉降通量最低值出现在大连大黑石、蓬莱、秦皇岛、盘锦和营口仙人岛监测站，为 0.3 t/（km²·a）；铵盐湿沉降通量最低值出现在秦皇岛和蓬莱监测站，为 0.2 t/（km²·a）。铜湿沉降通量最高值出现在东营监测站，为 3.2 kg/（km²·a）；最低值出现在营口仙人岛监测站，为 0.8 kg/（km²·a）。铅湿沉降通量最高值出现在东营监测站，为 0.9 kg/（km²·a）；最低值出现在大连大黑石监测站，为 0.3 kg/（km²·a）。

2.4.4.4　海洋垃圾和海洋微塑料

（1）海洋垃圾

海洋垃圾密度较高的区域主要分布在旅游休闲娱乐区、农渔业区、港口航运区及邻近海域。

海面漂浮垃圾。大块和特大块漂浮垃圾平均个数为21个/km²；中块和小块漂浮垃圾平均个数为2 358个/km²，平均密度为24 kg/km²。塑料类垃圾数量最多，占88.7%，主要为聚苯乙烯泡沫、塑料袋和塑料瓶等；其次为木制品类，占4.4%。

海滩垃圾。海滩垃圾平均个数为 60 761 个/km²，平均密度为 1 284 kg/km²。塑料类垃圾数量最多，占 77.5%，主要为聚苯乙烯泡沫、塑料制品（塑料袋、瓶、盖等）和香烟过滤嘴等；其次为纸类和木制品类，分别占 6.4%和 4.6%。

海底垃圾。海底垃圾平均个数为 1 031 个/km²，平均密度为 18 kg/km²。塑料类垃圾数量最多，占88.2%，主要为塑料袋、塑料瓶和塑料绳等；其次为织物类和纸类，各占3.4%。

（2）海洋微塑料

监测区域表层水体微塑料的平均密度为 0.42 个/m³，最高为 1.09 个/m³。渤海、黄海和南海监测断面海面漂浮微塑料平均密度分别为 0.70 个/m³、0.40 个/m³ 和 0.18 个/m³。漂浮微塑料主要为碎片、纤维和线状，成分主要为聚丙烯、聚乙烯和聚对苯二甲酸乙二醇酯。

2.4.5　海洋倾倒区和油气区环境状况

2.4.5.1　海洋倾倒区

2018 年，倾倒区及其周边海域海水水质和沉积物质量基本满足海洋功能区环境保护要求。与上年相比，倾倒区水深、海水水质和沉积物质量基本保持稳定，倾倒活动未对周边海域生态环境及其他海上活动产生明显影响。

2.4.5.2　海洋油气区

2018 年，海洋油气区及邻近海域海水水质和沉积物质量基本满足海洋功能区环境保护要求。与上年相比，海洋油气区及邻近海域环境质量基本保持稳定。渤海油气区及邻近海域一类海水面积比例明显上升，部分油气区及邻近海域海水汞含量有所下降；东海、南海油气区及邻近海域海水均为一类海水。油气区沉积物质量均符合第一类海洋沉积物质量标准。

2.4.6　海洋渔业水域水质

2018 年，海洋重要鱼、虾、贝类的产卵场、索饵场、洄游通道及水生生物自然保护区水体中主要超标指标为无机氮。无机氮、活性磷酸盐、化学需氧量和石油类监测浓度优于评价标准的面积占所监测面积的比例分别为 24.6%、56.0%、66.1% 和 95.6%。与上年相比，无机氮、活性磷酸盐、石油类和化学需氧量超标范围均有所减小。

海水重点增养殖区水体中主要超标指标为无机氮和活性磷酸盐。无机氮、活性磷酸盐、石油类和化学需氧量监测浓度优于评价标准的面积占所监测面积的比例分别为 40.1%、49.4%、62.8% 和 92.8%。与上年相比，无机氮和化学需氧量超标范围有所减小，活性磷酸盐和石油类超标范围有所增加。

8 个国家级水产种质资源保护区（海洋）监测面积为 32.3 万 hm²，水体中主要超标指标为无机氮。无机氮、化学需氧量、石油类和活性磷酸盐监测浓度优于评价标准的面积占所监测面积的比例分别为 25.3%、59.6%、76.7% 和 91.0%。

33 个海洋重要渔业水域沉积物状况良好。沉积物中铬、铅、铜、石油类、砷、镉、锌和汞监测浓度优于评价标准的面积占所监测面积的比例分别为 96.5%、98.8%、98.9%、99.3%、99.6%、99.8%、100.0% 和 100.0%。

专栏：黄海南部海域绿藻潮遥感监测

绿藻潮是在特定的环境条件下，海水中某些大型绿藻（如浒苔）暴发性增殖或高度聚集而引起水体变色的一种有害生态现象。黄海南部海域绿藻潮（主要是浒苔）遥感监测采用 MODIS、GF-1 等数据，监测时间为 2018 年 4 月初—8 月中旬，主要通过指数阈值法对绿藻潮的空间位置和分布范围进行监测。

2018 年 4 月 28 日，首次监测到浒苔，位于南黄海南部距陆地 25 km 处，随后浒苔分布范围逐渐扩大，覆盖面积和分布海域面积逐渐扩大，达到顶峰后逐渐减小直至消亡；浒苔持续时间为 82 天，期间最大覆盖面积为 861.00 km^2，最大分布海域面积为 2.84 万 km^2，全年累计影响海域面积达 8.93 万 km^2。

2007—2018 年遥感监测结果综合分析表明：从时序变化看，每年 5—8 月均发生一次浒苔大面积暴发过程，平均持续天数约 82 天，其中最长 105 天、最短 47 天；从空间变化看，浒苔每年均最初发现于南黄海南部海域，此后随着时间推进，南黄海由南向北依次可监测到浒苔，最后一次监测到浒苔在青岛、威海附近海域；从面积变化看，该海域浒苔覆盖面积和分布海域面积呈逐年增加的趋势；从漂移速度看，浒苔分布区域中心位置的平均漂移速度约 18.37 km/d；从影响因子看，浒苔孢子的附着基是影响浒苔大范围暴发的关键因子，大量紫菜及养殖筏架等为浒苔孢子的早期生长提供了所需的大量附着基，后期成熟浒苔个体为浒苔暴发性增长提供了新的附着基；水温是浒苔暴发性增殖的限制性因子，浒苔生长的适宜温度为 13.5～27.5℃，最佳温度范围为 17～26℃，该海域 5—8 月水温在 12～29℃ 内，适宜浒苔生长；海水中营养盐是浒苔生长的物质基础，该海域营养盐含量足以满足浒苔生长所需的营养条件。

2.5 声环境

2.5.1 城市区域声环境质量

2.5.1.1 全国

2018 年，323 个地级及以上城市昼间区域声环境质量平均等效声级为 54.4 dB（A）。昼间区域声环境质量为一级的城市有 13 个，占 4.0%；二级的城市有 205 个，占 63.5%；三级的城市有 99 个，占 30.7%；四级的城市有 4 个，占 1.2%；五级的城市有 2 个，占 0.6%。

与上年相比，全国城市昼间区域声环境质量为一级的城市比例下降 1.9 个百分点，二级下降 1.5 个百分点，三级上升 2.8 个百分点，四级上升 0.3 个百分点，五级上升 0.3 个百分点。

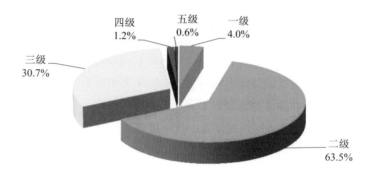

图 2.5-1　2018 年全国城市昼间区域声环境质量各级别比例

表 2.5-1　全国城市昼间区域声环境质量年际变化

年份	监测城市数/个	城市比例/%，年际变化/百分点				
		一级	二级	三级	四级	五级
2018	323	4.0	63.5	30.7	1.2	0.6
2017	323	5.9	65.0	27.9	0.9	0.3
年际变化	0	−1.9	−1.5	2.8	0.3	0.3

319 个地级及以上城市夜间区域声环境质量平均等效声级为 46.0 dB（A）。夜间区域声环境质量为一级的城市有 4 个，占 1.3%；二级的城市有 121 个，占 37.9%；三级的城市有 172 个，占 53.9%；四级的城市有 17 个，占 5.3%；五级的城市有 5 个，占 1.6%。

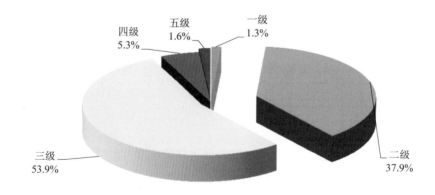

图 2.5-2　2018 年全国城市夜间区域声环境质量各级别比例

与 2013 年相比，全国城市夜间区域声环境质量为一级的城市比例下降 1.8 个百分点；二级下降 7.5 个百分点；三级上升 4.8 个百分点；四级上升 2.9 个百分点；五级上升 1.6 个百分点。

表 2.5-2　全国城市夜间区域声环境质量年际变化

年份	监测城市数/个	城市比例/%，年际变化/百分点				
		一级	二级	三级	四级	五级
2018	319	1.3	37.9	53.9	5.3	1.6
2013	293	3.1	45.4	49.1	2.4	0.0
年际变化	26	−1.8	−7.5	4.8	2.9	1.6

2.5.1.2　直辖市和省会城市

2018 年，31 个直辖市和省会城市昼间区域声环境质量平均等效声级为 55.0 dB（A）。其中，昼间区域声环境质量为一级的城市有 1 个，占 3.2%；二级的城市有 15 个，占 48.4%；三级的城市有 15 个，占 48.4%。

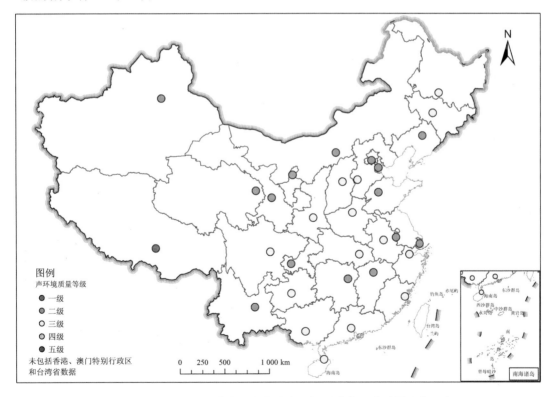

图 2.5-3　2018 年直辖市和省会城市昼间区域声环境质量分布示意

与上年相比，直辖市和省会城市昼间区域声环境质量为一级、四级、五级的城市比例均持平，二级下降 9.7 个百分点，三级上升 9.7 个百分点。

表 2.5-3　直辖市和省会城市昼间区域声环境质量年际变化

年份	监测城市数/个	城市比例/%，年际变化/百分点				
		一级	二级	三级	四级	五级
2018	31	3.2	48.4	48.4	0.0	0.0
2017	31	3.2	58.1	38.7	0.0	0.0
年际变化	0	0.0	−9.7	9.7	0.0	0.0

31 个直辖市和省会城市夜间声环境质量平均等效声级为 47.7 dB（A）。其中，夜间区域声环境质量为一级的城市有 1 个，占 3.2%；二级的城市有 1 个，占 3.2%；三级的城市有 26 个，占 83.9%；四级的城市有 2 个，占 6.5%；五级的城市有 1 个，占 3.2%。

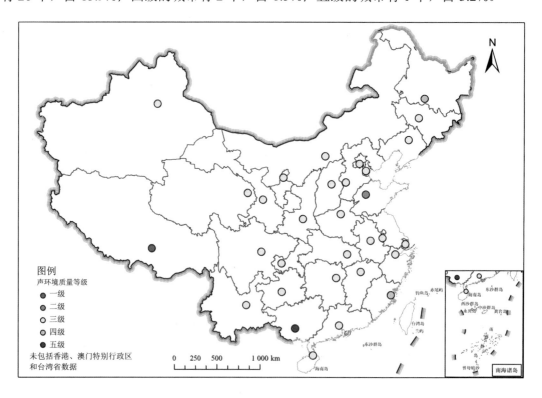

图 2.5-4　2018 年直辖市和省会城市夜间区域声环境质量分布示意

与 2013 年相比，直辖市和省会城市夜间区域声环境质量为一级的城市比例持平，二级下降 13.0 个百分点，三级上升 6.5 个百分点，四级上升 3.3 个百分点，五级上升 3.2 个百分点。

表 2.5-4　直辖市和省会城市夜间区域声环境质量年际变化

年份	监测城市数/个	城市比例/%，年际变化/百分点				
		一级	二级	三级	四级	五级
2018	31	3.2	3.2	83.9	6.5	3.2
2013	31	3.2	16.2	77.4	3.2	0.0
年际变化	0	0.0	−13.0	6.5	3.3	3.2

2.5.2　城市道路交通声环境质量

2.5.2.1　全国

2018 年，324 个地级及以上城市昼间道路交通声环境质量平均等效声级为 67.0 dB（A）。昼间道路交通声环境质量为一级的城市有 215 个，占 66.4%；二级的城市有 93 个，占 28.7%；三级的城市有 13 个，占 4.0%；四级的城市有 3 个，占 0.9%。

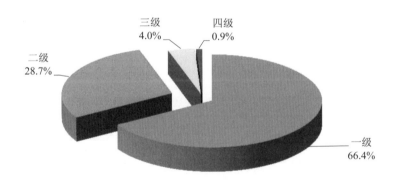

图 2.5-5　2018 年全国城市昼间道路交通声环境质量各级别比例

与上年相比，昼间道路交声环境质量为一级的城市比例上升 0.7 个百分点，二级上升 0.9 个百分点，三级下降 1.9 个百分点，四级上升 0.6 个百分点，五级下降 0.3 个百分点。

表 2.5-5　全国城市昼间道路声环境质量年际变化

年度	监测城市数/个	城市比例/%，年际变化/百分点				
		一级	二级	三级	四级	五级
2018	324	66.4	28.7	4.0	0.9	0.0
2017	324	65.7	27.8	5.9	0.3	0.3
年际变化	0	0.7	0.9	−1.9	0.6	−0.3

321 个地级及以上城市夜间道路交通声环境质量平均等效声级为 58.1 dB（A）。夜间道路交通声环境质量为一级的城市有 151 个，占 47.0%；二级的城市有 56 个，占 17.4%；三级的城市有 37 个，占 11.5%；四级的城市有 44 个，占 13.7%；五级的城市有 33 个，占 10.3%。

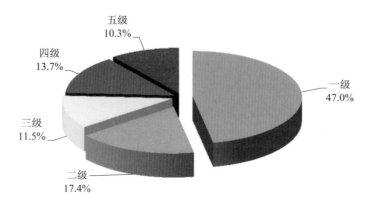

图 2.5-6　2018 年全国城市夜间道路交通声环境质量各级别比例

与 2013 年相比，全国城市夜间道路声环境质量为一级的城市比例下降 19.8 个百分点，二级上升 3.4 个百分点，三级上升 3.6 个百分点，四级上升 8.2 个百分点，五级上升 4.5 个百分点。

表 2.5-6　全国城市夜间道路交通声环境质量年际变化

年度	监测城市数/个	城市比例/%，年际变化/百分点				
		一级	二级	三级	四级	五级
2018	321	47.0	17.4	11.5	13.7	10.3
2013	292	66.8	14.0	7.9	5.5	5.8
年际变化	29	−19.8	3.4	3.6	8.2	4.5

2.5.2.2　直辖市和省会城市

2018 年，31 个直辖市和省会城市昼间道路交通声环境质量平均等效声级为 68.7 dB（A）。其中，昼间道路交通声环境质量为一级的城市有 11 个，占 35.5%；二级的城市有 18 个，占 58.1%；三级的城市有 1 个，占 3.2%；四级的城市有 1 个，占 3.2%。

与上年相比，直辖市和省会城市昼间道路交通声环境质量为一级、四级、五级的城市比例与上年持平，二级上升 6.5 个百分点，三级下降 6.5 个百分点。

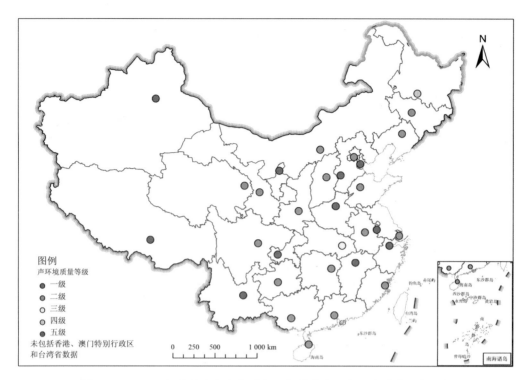

图 2.5-7　2018 年直辖市和省会城市昼间道路交通声环境质量分布示意

表 2.5-7　直辖市和省会城市昼间道路交通声环境质量年际变化

年度	监测城市数/个	城市比例/%，年际变化/百分点				
		一级	二级	三级	四级	五级
2018	31	35.5	58.1	3.2	3.2	0.0
2017	31	35.5	51.6	9.7	3.2	0.0
年际变化	0	0.0	6.5	−6.5	0.0	0.0

　　31 个直辖市和省会城市夜间道路交通声环境质量平均等效声级为 62.5 dB（A）。夜间道路交通声环境质量为一级的城市有 5 个，占 16.1%；二级的城市有 3 个，占 9.7%；三级的城市有 4 个，占 12.9%；四级的城市有 7 个，占 22.6%；五级的城市有 12 个，占 38.7%。

　　与 2013 年相比，直辖市和省会城市夜间道路交通声环境质量为一级的城市比例下降 9.7 个百分点，二级下降 12.9 个百分点，三级下降 6.5 个百分点，四级上升 12.9 个百分点，五级上升 16.1 个百分点。

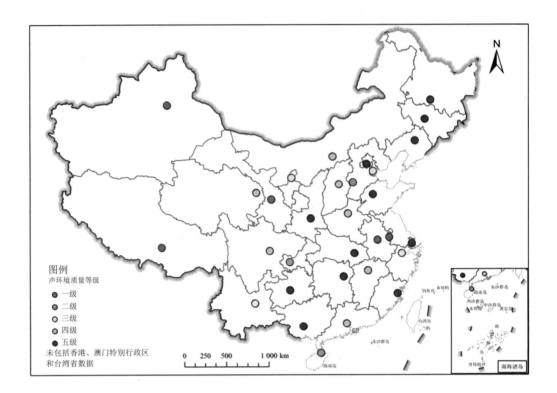

图 2.5-8　2018 年直辖市和省会城市夜间道路交通声环境质量分布示意

表 2.5-8　直辖市和省会城市夜间道路交通声环境质量年际变化

年度	监测城市数/个	城市比例/%，年际变化/百分点				
		一级	二级	三级	四级	五级
2018	31	16.1	9.7	12.9	22.6	38.7
2013	31	25.8	22.6	19.4	9.7	22.6
年际变化	0	−9.7	−12.9	−6.5	12.9	16.1

2.5.3　城市功能区声环境质量

2.5.3.1　全国

　　2018 年，311 个地级及以上城市功能区昼间共有 10 140 个监测点次达标，点次达标率为 92.6%；夜间共有 8 054 个监测点次达标，点次达标率为 73.5%。其中，0 类区昼间监测点次达标率为 71.8%，夜间为 56.3%；1 类区昼间监测点次达标率为 87.4%，夜间为 71.6%；2 类区昼间监测点次达标率为 92.8%，夜间为 82.2%；3 类区昼间监测点次达标率为 97.5%，夜间为 87.6%；4a 类区昼间监测点次达标率为 94.0%，夜间为 51.4%；4b 类区昼间监测点次达标率为 100.0%，夜间为 78.4%。

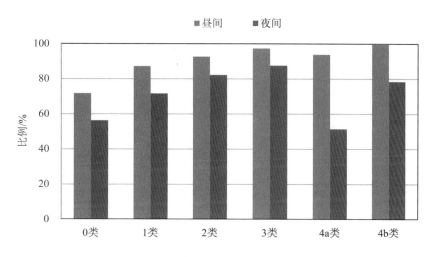

图 2.5-9　2018 年全国城市功能区声环境质量

与上年相比，0 类区昼间监测点次达标率下降 4.9 个百分点，夜间下降 2.0 个百分点；1 类区昼间监测点次达标率上升 0.7 个百分点，夜间下降 1.7 个百分点；2 类区昼间监测点次达标率上升 0.7 个百分点，夜间下降 0.3 个百分点；3 类区昼间监测点次达标率上升 0.8 个百分点，夜间上升 0.7 个百分点；4a 类区昼间监测点次达标率上升 20.7 个百分点，夜间下降 0.6 个百分点；4b 类区昼间监测点次达标率上升 2.3 个百分点，夜间上升 6.8 个百分点。

表 2.5-9　全国城市各类功能区声环境质量达标率年际变化

达标率/% 年度	0 类		1 类		2 类		3 类		4a 类		4b 类	
	昼	夜	昼	夜	昼	夜	昼	夜	昼	夜	昼	夜
2018	71.8	56.3	87.4	71.6	92.8	82.2	97.5	87.6	94.0	51.4	100.0	78.4
2017	76.7	58.3	86.7	73.3	92.1	82.5	96.7	86.9	73.3	52.0	97.7	71.6
年际变化/百分点	−4.9	−2.0	0.7	−1.7	0.7	−0.3	0.8	0.7	20.7	−0.6	2.3	6.8

2.5.3.2　直辖市和省会城市

2018 年，31 个直辖市和省会城市功能区昼间共有 1 438 个监测点次达标，点次达标率为 87.8%；夜间共有 940 个监测点次达标，点次达标率为 57.4%。其中，0 类区昼间监测点次达标率为 66.7%，夜间为 25.0%；1 类区昼间监测点次达标率为 80.3%，夜间为 54.9%；2 类区昼间监测点次达标率为 90.7%，夜间为 72.1%；3 类区昼间监测点次达标率为 96.2%，夜间为 76.0%；4a 类区昼间监测点次达标率为 82.7%，夜间为 20.2%；4b 类区昼间监测点次达标率为 100.0%，夜间为 75.0%。

与上年相比，0 类区昼间监测点次达标率下降 16.6 个百分点，夜间下降 25.0 个百分点；1 类区昼间监测点次达标率上升 1.4 个百分点，夜间下降 1.0 个百分点；2 类区昼间监测点次达标率上升 1.4 个百分点，夜间上升 0.6 个百分点；3 类区昼间监测点次达标率下降 0.5 个百分点，夜间下降 2.7 个百分点；4a 类区昼间监测点次达标率下降 1.6 个百分点，夜间下降 0.3 个百分点；4b 类区昼间监测点次达标率持平，夜间上升 25.0 个百分点。

表 2.5-10　直辖市和省会城市各类功能区声环境质量达标率年际变化

达标率/% 年度	0 类		1 类		2 类		3 类		4a 类		4b 类	
	昼	夜	昼	夜	昼	夜	昼	夜	昼	夜	昼	夜
2018	66.7	25.0	80.3	54.9	90.7	72.1	96.2	76.0	82.7	20.2	100.0	75.0
2017	83.3	50.0	78.9	55.9	89.3	71.5	96.7	78.7	84.3	20.5	100.0	50.0
年际变化/百分点	−16.6	−25.0	1.4	−1.0	1.4	0.6	−0.5	−2.7	−1.6	−0.3	0.0	25.0

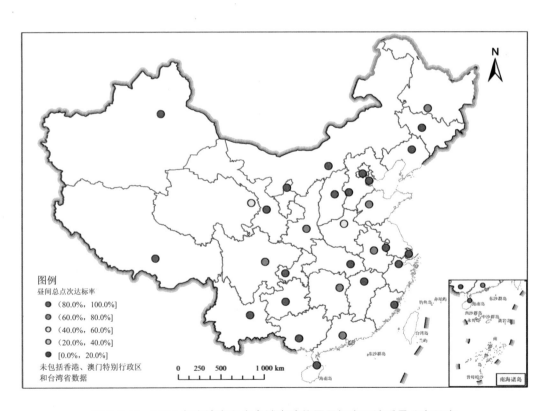

图 2.5-10　2018 年直辖市和省会城市功能区昼间声环境质量分布示意

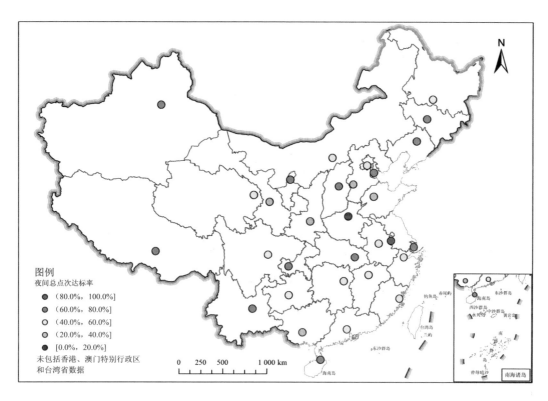

图 2.5-11　2018 年直辖市和省会城市功能区夜间声环境质量分布示意

2.6　生态

2.6.1　生态环境质量

2.6.1.1　全国

2018 年，全国生态环境状况指数（EI）值为 51.4，生态环境质量属于"一般"。与上年相比，生态状况指数值上升 0.3，属"无明显变化"，生态环境质量保持稳定。

2.6.1.2　省域

31 个省份中，生态环境质量"优"的省份有浙江、福建、江西、湖南、广东和海南 6 个，占国土面积的 8.6%；"良"的省份有北京、辽宁、吉林、黑龙江、上海、江苏、安徽、河南、湖北、广西、重庆、四川、贵州、云南和陕西 15 个，占国土面积的 31.4%；"一般"的省份有天津、河北、山西、内蒙古、山东、西藏、甘肃、青海和宁夏 9 个，占国土面积的 42.7%;"较差"的省份为新疆,占国土面积的 17.3%;没有"差"类。在空间上,生态环境质量"优"和"良"的省份主要位于东部和南部地区,"一般"和"较差"的省份主要位于中部和西部地区,与自然地理分布格局有很大的相关性。与上年相比,湖南由"良"变为"优",其他省份无变化。

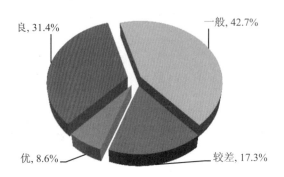

图 2.6-1　2018 年全国省域生态环境质量类型面积比例

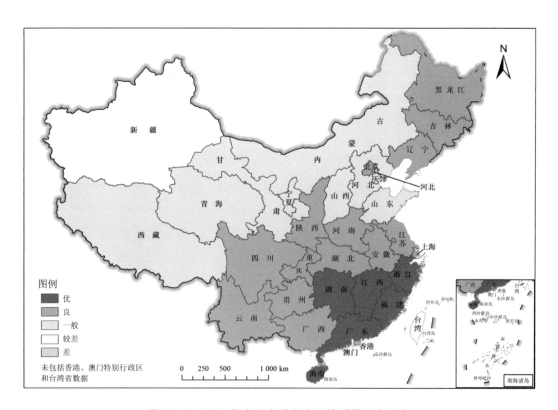

图 2.6-2　2018 年全国省域生态环境质量分布示意

2017—2018 年，省域生态环境状况指数变化幅度（ΔEI）在-0.2～3.8 之间。其中，宁夏和海南生态环境质量"明显变好"，占国土面积的 0.9%；北京、陕西、辽宁、贵州、河北、黑龙江、内蒙古、青海、吉林和湖南 10 个省份生态环境质量"略微变好"，占国土面积的 36.2%；其他 19 个省份生态环境质量"无明显变化"，占国土面积的 62.9%。

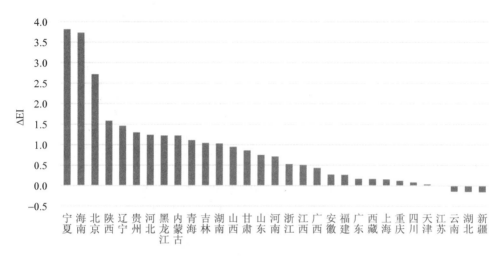

图 2.6-3 2017—2018 年省域生态环境状况指数变化幅度

2.6.1.3 县域

2018 年，全国 2 583 个县域行政单元中，生态环境质量"优"的有 541 个，占国土面积的 16.6%；"良"的有 1 037 个，占国土面积的 28.1%，"一般"的有 700 个，占国土面积的 23.8%；"较差"的有 284 个，占国土面积的 26.9%；"差"的有 21 个，占国土面积的 4.7%。生态环境质量"优"和"良"的县域面积占国土面积的 44.7%。

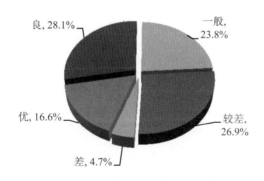

图 2.6-4 2018 年全国县域生态环境质量类型面积比例

在空间上，生态环境质量"优"和"良"的县域主要分布在青藏高原以东、秦岭—淮河以南以及东北的大小兴安岭地区和长白山地区，"一般"的县域主要分布在华北平原、黄淮海平原、东北平原中西部和内蒙古中部，"较差"和"差"的县域主要分布在内蒙古西部、甘肃中西部、西藏西部和新疆大部。

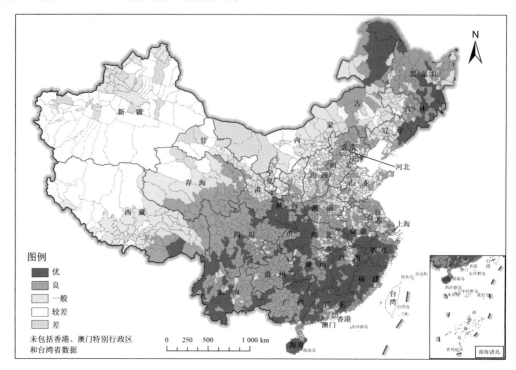

图 2.6-5　2018 年全国县域生态环境质量分布示意

2016—2018 年，全国生态质量"优"的县域个数和占国土面积比例均先减少后增加，个数分别为 533 个、510 个、541 个，比例分别为 16.3%、15.8%、16.6%；"良"的县域个数和占国土面积比例均持续增加，个数分别为 924 个、1 010 个、1 037 个，比例分别为 25.7%、27.4% 和 28.1%；"一般"的县域个数持续减少，分别为 763 个、741 个和 700 个，占国土面积比例先减少后增加，分别为 24.9%、23.0% 和 23.8%；"较差"的县域个数和占国土面积比例持续减少，个数分别为 336 个、296 个和 284 个，比例分别为 29.1%、28.4% 和 26.9%；"差"的县域个数持续减少，分别为 35 个、26 个和 21 个，占国土面积比例先增加后减少，分别为 4.1%、5.3% 和 4.7%。

2017—2018 年，全国 2 583 个县域生态环境状况指数变化幅度（ΔEI）在 −5.8～8.5 之间。略微变化的有 425 个，其中"略微变好"的有 265 个，占国土面积的 10.7%；"略微变差"的有 160 个，占国土面积的 3.6%。明显变化的有 194 个，其中"明显变好"的有 119 个，占国土面积的 5.8%；"明显变差"的有 75 个，占国土面积的 2.5%。显著变化的有 135 个，其中"显著变好"的有 107 个，占国土面积的 3.2%；"显著变差"的有 28 个，占国土面积的 0.8%。

表 2.6-1 2016—2018 年全国各生态环境质量类型县域个数和面积比例

生态环境质量类型	2018 年		2017 年		2016 年	
	县域个数	面积比例/%	县域个数	面积比例/%	县域个数	面积比例/%
优	541	16.6	510	15.8	533	16.3
良	1 037	28.1	1 010	27.4	924	25.7
一般	700	23.8	741	23.0	763	24.9
较差	284	26.9	296	28.4	336	29.1
差	21	4.7	26	5.3	35	4.1

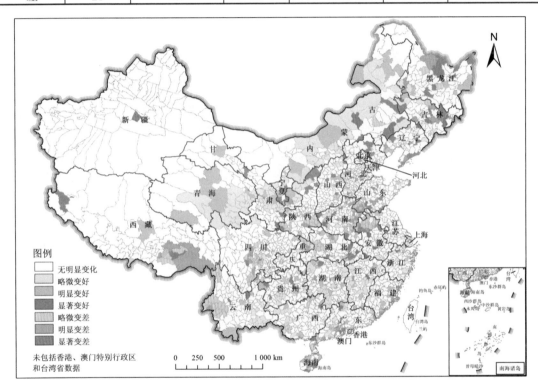

图 2.6-6 2017—2018 年全国县域生态环境质量变化各级别分布示意

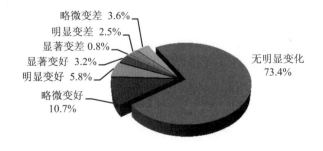

图 2.6-7 2017—2018 年全国县域生态环境质量变化各级别比例

2.6.2 国家重点生态功能区县域生态环境质量

2.6.2.1 总体情况

2018 年，818 个国家重点生态功能区县域生态环境质量指数（FEI）值范围为 31.99（河北省衡水市枣强县）～79.20（黑龙江省伊春市汤旺河区），生态环境质量总体较好。其中，"优"的县域有 108 个、"良"的有 388 个、"一般"的有 247 个、"较差"的 67 个、"差"的有 8 个，分别占县域总数的 13.2%、47.4%、30.2%、8.2% 和 1.0%。

四类生态功能类型县域生态环境质量状况差异较明显，防风固沙、水土保持、水源涵养和生物多样性维护生态功能区生态环境质量"优"和"良"的县域个数比例分别为 38.6%、63.2%、61.9% 和 65.6%，"较差"和"差"的县域个数比例分别为 20.5%、6.8%、8.0% 和 8.7%。

防风固沙功能的 83 个县域 FEI 值范围为 36.03（河北省张家口市桥东区）～71.55（内蒙古自治区正蓝旗）。生态环境质量"优"和"良"的县域有 32 个，"一般"的有 34 个，"较差"和"差"的有 17 个。

水土保持功能的 190 个县域 FEI 值范围为 39.44（山东省枣庄市台儿庄区）～78.43（安徽省池州市石台县）。生态环境质量"优"和"良"的县域有 120 个，"一般"的有 57 个，"较差"和"差"的有 13 个。

水源涵养功能的 362 个县域 FEI 值范围为 31.99（河北省衡水市枣强县）～79.20（黑龙江省伊春市汤旺河区）。生态环境质量"优"和"良"的县域有 224 个，"一般"的有 109 个，"较差"和"差"的有 29 个。

生物多样性维护功能的 183 个县域 FEI 值范围为 41.62（黑龙江省富锦市）～79.11（湖南省张家界市武陵源区）。生态环境质量"优"和"良"的县域有 120 个，"一般"的有 47 个，"较差"的有 16 个，无"差"类。

2.6.2.2 生态功能区县域生态环境质量变化

与 2016 年相比，818 个县域中，2018 年生态环境"变好"的县域有 78 个，占 9.5%；"基本稳定"的县域有 647 个，占 79.1%；"变差"的县域有 93 个，占 11.4%。

变好（ΔEI≥1）的 78 个县域中，明显变好（ΔEI≥4）的有 1 个，一般变好（2＜ΔEI＜4）的有 12 个，轻微变好（1≤ΔEI≤2）的有 65 个。

变差（ΔEI≤−1）的 93 个县域中，明显变差（ΔEI≤−4）的有 5 个，一般变差（−4＜ΔEI＜−2）的有 21 个，轻微变差（−2≤ΔEI≤−1）的有 67 个。

专栏：国家重点生态功能区无人机监测

国家重点生态功能区无人机监测采用"卫星普查-无人机抽查-现场核查"的技术流程，该流程综合集成无人机航空遥感、卫星遥感等技术，对国家重点生态功能区县域局部生态变化进行监测。基于卫星遥感普查，对 818 个县域的考核年和基准年两期卫星遥感影像进行对比分析，提取局部生态变化斑块信息；然后，采用无人机遥感对重点区域进行抽查飞行，进一步确定变化区域边界、面积和地物空间分布特征信息；最后，通过现场核查进一步明确县域生态变化斑块信息，确定变化原因。

2018 年，卫星普查县域 818 个，筛选 15 个典型县域进行无人机遥感监测，其中 10 个县域对国家级自然保护区开展监测。通过现场核查发现，15 个县域的生态变化斑块类型主要为矿产资源开采、水库修建、交通道路修建、城市建设、石料开采、养猪场建设、民俗园建设、河道整治等。

2.6.3 典型生态系统区域

2.6.3.1 湿地生态系统

（1）江苏太湖

2018 年，全湖监测到底栖动物 55 种，平均密度 789 头/m²，优势种为河蚬，优势种密度占总密度的 68.4%，生物多样性指数为 1.8，比上年下降 0.1，生物完整性评价为一般。浮游植物 200 种，平均密度（细胞）1.4×10^8 个/L，优势类群为蓝藻门，优势种为微囊藻属，优势种密度占总密度的 59.3%，生物多样性指数为 1.8，比上年下降 0.1，生物完整性评价为一般；后生浮游动物 57 种，平均密度 927 个/L，优势种为轮虫类多肢轮虫属，优势种密度占总密度的 37.4%，生物多样性指数为 2.3，较丰富，比上年下降 0.1，生物完整性评价为一般。

2018 年，太湖底泥内梅罗污染指数为 0.5，为清洁状况，其中大浦口和竺山湖 2 个监测点处于尚清洁状况，其他监测点均为清洁状况。

太湖区域景观格局稳定，水田和其他建设用地面积略有变化，生态状况总体良好。与上年相比，苏州各县区景观格局稳定，无锡、常州部分县区略微变化。

2018 年，太湖湿地生态环境健康指数（WHI）为 2.9，为亚健康状况，湿地生态系统结构尚完整，功能基本具备，环境质量和生物多样性一般，斑块破碎明显，外界压力显现，生态系统尚稳定，接近湿地生态阈值，处于可维持状态。与上年相比，太湖湿地生态系统健康状况无明显变化。

（2）安徽巢湖

2018 年，巢湖湿地监测到底栖动物 15 种，平均密度春季为 684 头/m²、夏季为 406 头/m²，生物多样性指数春季为 1.237、夏季为 1.1；浮游植物 50 种，春季优势种为蓝藻门卷曲鱼腥藻，夏季为蓝藻门微囊藻，平均密度（细胞）春季为 2.6×10⁶ 个/L、夏季为 100.8×10⁶ 个/L，生物多样性指数春季为 1.3、夏季为 0.6。浮游动物 63 种，平均密度春季为 1 758 个/L、夏季为 1 815 个/L，生物多样性指数春季为 1.7、夏季为 1.6。调查到巢湖湖滨带植物 95 科 228 种、鸟类 23 种 542 只、两栖动物 8 种、爬行动物 16 种。2018 年，巢湖底泥内梅罗污染指数为 0.9，为尚清洁状况。

（3）湖北丹江口库区

2018 年，丹江口水库底栖动物 13 种，平均密度为 671 头/m²，优势种为寡毛类霍甫水丝蚓和正颤蚓，平均生物量为 1.9 g/m²，底栖动物多样性指数为 1.2；浮游植物 45 种，平均密度（细胞）0.8×10⁶ 个/L，主要优势种为束丝藻、鱼腥藻和微囊藻等，生物量均值为 0.21 mg/L，生物多样性指数为 3.1，为丰富；浮游动物 43 种，平均密度为 260.3 个/L，优势种主要为侠盗虫、疣毛轮虫、广布多肢轮虫、王氏似铃壳虫等，平均生物量为 0.3 mg/L，生物多样性指数为 2.6，较丰富。

2018 年，丹江口库区湿地生态健康状况指数为 3.9 分，为健康状况，库区湿地生态系统结构比较合理，功能较完善，环境质量较好，生物多样性较丰富，生态系统稳定，处于可持续状态。与上年相比，丹江口库区湿地生态环境健康无明显变化。

（4）湖南洞庭湖

2018 年，洞庭湖共监测到底栖动物 40 种，种类数比上年有所上升；平均密度为 125 头/m²，与上年相比变化不大，优势种为指突隐摇蚊、铜锈环棱螺、苏氏尾鳃蚓等；生物多样性指数为 2.1，比上年略有下降。浮游植物 6 门 51 属，与上年相比种属数量变化不大，平均密度（细胞）为 23.4×10⁴ 个/L，优势种为颤藻、鱼腥藻、直链藻、针杆藻等；生物多样性指数为 3.5，比上年略有上升。浮游动物 27 属，与上年相比种类数变化不大，平均密度为 146.7 个/L，优势种为臂尾轮虫、象鼻溞、剑水蚤等；生物多样性指数为 1.7，比上年略有上升。

2018 年，洞庭湖底泥内梅罗污染指数为 0.9，处于尚清洁状况，镉超过土壤污染风险筛选值。与上年相比，除汞和铅外，其他重金属指标含量均有不同程度上升。

洞庭湖湿地生态环境健康指数（WHI）为 3.7，为健康状态，湿地生态系统结构比较合理、功能较完善、环境质量较好、生物多样性较丰富、生态系统稳定、处于可持续状态。与上年相比，洞庭湖湿地生态系统健康无明显变化。

（5）辽宁辽河流域

2018 年，辽河流域监测到底栖动物 36 科 68 种，其中节肢动物门 51 种，占 75.0%。底栖动物中敏感种类和中等耐污种类占优势。底栖动物生物完整性评价显示，清洁点位 6 个、轻污染点位 6 个、中污染点位 4 个。全流域共监测到着生藻类 27 科 112 种，主要包括绿藻门、硅藻门、蓝藻门、裸藻门、黄藻门和隐藻门，其中绿藻门检出的种类最多。辽河流域着生藻类种类生物多样性较高，其中生物多样性指数大于 3 的有 7 个监测点，与上年相比，有 5 个点位生物多样性指数评价结果变好。辽河流域水生态环境质量整体为优秀至轻污染状态，16 个点位中，优秀 1 个、良好 12 个、轻污染 3 个。

（6）浙江浦阳江流域

2018 年，浦阳江（浦江县段）共监测到底栖动物 59 科 131 种，节肢动物门昆虫纲中蜉蝣目、襀翅目和毛翅目等 3 目（为环境敏感指示物种，简称 EPT）的物种数最多，占总物种数的 22.0%。底栖动物水质敏感性以中性类群为主，为 112 种，其次为敏感类群，16 种。底栖动物生物多样性总体处于一般至较丰富水平，城区上游物种数量明显多于城区及其下游，EPT 物种数量的空间分布特征也是城区上游多于城区及下游。浦阳江底栖动物生物完整性总体一般，生物集群维持物种组成、多样性、结构和功能稳态的能力不强。

（7）广东雷州半岛红树林

与上年相比，2018 年雷州半岛红树林植物群落高度、基径/胸径均有所增高，秋茄群落密度明显增加，说明人工秋茄林长势较好；人工造林对红树林软体动物生物多样性的恢复有一定成效，城市化会明显降低红树林软体动物多样性；人工林内蟹的生物多样性低于天然林，季节性变化明显。廉江高桥监测点单网渔获量和生物量最高，廉江高桥监测点的鸟类物种数最高，雷州附城监测点鸟类数量最多。受台风影响，无瓣海桑群落受损最严重。根据健康评价结果，廉江高桥、雷州附城和特呈岛红树林群落分别为健康、中等健康和亚健康状态。

（8）广西红树林

广西红树林主要分布于廉州湾、北海东海岸、铁山港、丹兜海、英罗港、涠洲岛、防城港湾、珍珠湾和北仑河口等地，红树林资源丰富，陆海生态系统演替梯度特征明显。2017—2018 年，红树林面积保持稳定。山口监测点的样地中有红树林植物 5 科 5 属 5 种，有 8 个不同的红树植物群落类型；北仑河口监测点的样地中有红树植物 4 科 4 属 4 种，有 6 个不同的红树植物群落类型。两个监测点红树植物群落的生物多样性均较低。山口监测点和北仑河口监测点的红树林生态系统均为健康。

2.6.3.2 草地及荒漠生态系统

（1）河北沽源草原

2018 年，河北沽源草原共监测到植物物种 68 种，以多年生杂类草最为丰富，以旱生为主，草原植被盖度范围为 25.0%～70.0%，植被高度范围为 1.0～72.7 cm，生物量范围为 139.7～462.2 g/m²。近三年监测结果表明，由于采用保护草原的措施，三个区域草原植被恢复明显。

（2）内蒙古草原

2018 年，内蒙古草甸草原监测到物种数最多，草原化荒漠最少；草甸草原平均植被覆盖度最高，荒漠草原最低；沙地草原植被平均高度最高，荒漠草原最低；草甸草原平均地上生物量最高，荒漠草原最低；2018年，内蒙古监测区草原植被状况优、良的样方数量超过50%，植被生态状况较为稳定；2018年变差的点位数量有所增加。

（3）甘南草原

2018年，甘南草原高寒草甸监测到植物种类为36种，山地草甸为26种；高寒草甸植被平均盖度为96.0%，山地草甸为97.0%；植被平均高度高寒草甸为17.5 cm，山地草甸为20.7 cm；生物量高寒草甸为281.4 g/m²，山地草甸为158.2 g/m²。

（4）三江源草原

2018年，三江源区高寒草甸监测到植物种类最多（42种），高寒草甸草原最少（12种）；植被盖度范围为20.0%～100.0%，高寒沼泽草甸植被样方平均盖度最高（93.0%），温性草原类最低（43.0%）；植被高度范围为0.74～31.4 cm，温性荒漠草原平均高度最高（22.0 cm），高寒草甸草原最低（3.0 cm）；植被地上生物量范围为18.8～377.2 g/m²，高寒沼泽草甸平均地上生物量最高（187.2 g/m²），高寒草甸草原最低（56.4 g/m²）。

（5）新疆草原

2018年，新疆五大山地草原大部分植被保持良好，未出现明显退化。受降水减少的影响，部分区域植被高度、盖度和生物量略有波动。不同利用方式及不同利用强度的草场，变化程度不一。打草场及轮牧场，由于一年刈割一次、放牧强度不大，草场植被较好。放牧场特别是春秋牧场放牧强度大，放牧时间较早，局部出现了不同程度的退化。

2.6.3.3　森林生态系统

（1）吉林长白山区温带森林

长白山区温带森林固定样地植物群落主要为高山苔原、岳桦林、云冷杉林、长白落叶松林、红松针阔混交林、落叶阔叶混交林、白桦林、红皮云杉林共8种，样方调查中共发现植物248种，分属64科，其中乔木47种、灌木48种、藤本4种和草本151种。长白山区温带森林植物群落结构相对简单，乔木层优势种主要有岳桦、白桦、红松等，灌木层优势种主要有蓝靛果忍冬、库叶悬钩子、单花忍冬等，草本植物以多年生为主，优势种主要有小叶章、苔草、东北羊角芹等。长白山区森林植被生物多样性丰富，生物多样性指数最高的群落是落叶阔叶混交林，均匀度指数最高的群落是落叶阔叶混交林；灌木层生物多样性指数最高的是落叶阔叶混交林，均匀度指数最高的是落叶阔叶混交林；草本层生物多样性指数最高和最低的均是红松针阔混交林，均匀度指数最高的是高山苔原。长白山区土壤生态环境风险低。

（2）安徽黄山亚热带森林

黄山监测区植被类型具有明显的垂直地带性，植物物种资源丰富，古老残遗植物多，单型科、单种属植物占有显著的比例。2018年监测结果表明，竹阔混交林群落物种数为24种，常绿阔叶林群落物种数为91种，高山落叶阔叶林群落物种数为28种；乔木物种数常绿阔叶林群落中最多，竹阔混交林中最少，分别为44种和8种；灌木物种数常绿落叶林群落中最高，高山落叶阔叶林中最小，分别为 66 种和 15 种；凋落物平均厚度最大的为竹阔混交林，最小的为高山落叶阔叶林，分别为 6.7 cm 和 3.6 cm。群落类型结构丰富，竹阔混交林群落中乔木层优势种为毛竹、甜槠、杉木、小叶青冈等，常绿阔叶林群落中乔木层优势种为马尾松、甜槠、老鼠矢、檵木、薄叶山矾、毛竹、青冈、杉木、赤杨，高山落叶阔叶林群落中乔木层优势种为黄山栎、紫茎、白棠、四照花、灯笼树。云谷寺乔木层生物多样性指数最低为 0.7；其次为钓桥乔木层为 1.2。黄山亚热带森林生态系统中成熟群落年际变化较小，部分样地变化主要受砍伐等人为干扰影响。黄山监测区土壤没有受到重金属污染。

（3）海南中部山区热带森林

海南中部山区热带森林生态系统样方监测到植物种类 271 种，其中乔木 158 种、灌木 80 种、草本 33 种。各监测样点中，尖峰岭沟谷雨林物种数最多，霸王岭高山云雾林物种数最少。样地群落结构复杂，物种丰富多样，没有明显的优势树种，群落第一层植物以陆均松、南亚松、竹叶青冈等为主，第二、三层以线枝蒲桃、五指泡花树、尖峰润楠等为优势种。灌木以三角瓣花、紫毛野牡丹、蚊母树等为优势种，草本以匍匐九节、卷柏、密花树（小苗）等为优势种。热带雨林样地生物多样性指数较高，样地物种稳定，未遭到破坏，群落结构复杂多样，森林层间结构丰富。监测区域内土壤环境质量基本符合筛选值。

（4）四川龙门山区亚热带森林

2018 年，四川龙门山区亚热带森林生态系统监测的植被类型包括亚热带常绿阔叶林、亚热带常绿落叶阔叶混交林、亚热带落叶阔叶林、亚热带常绿针叶林及高山草甸，共监测到植物 243 种。常绿阔叶林群落优势种为常绿乔木卵叶钓樟，相对多度为 63.9%，常绿树种的幼树比例为 61.7%，常绿落叶阔叶混交林植被类型较为典型，常绿树种的相对多度为 41.2%，落叶树种 58.8%。群落以曼青冈、色木槭和巴东栎为优势种。群落树种年龄结构基本为钟形结构，并有相当数量的幼龄树，群落处于稳定发展阶段。落叶阔叶林群落以落叶树为主，相对多度 97.6%，偶见高大的常绿树种，群落树种年龄结构基本为钟形，目前群落处于较稳定的演替阶段。

多年监测显示，该植被带幼龄树较少、且缺乏实生苗，木姜子在群落中比例最高，相对多度为 20.2%，为群落的优势种。常绿针叶林植被分布区坡度较大，群落结构较为单一，群落中鲜见幼龄树和幼苗。不同年际不同植被带乔木层的物种组成、优势种均较为稳定，灌木层物种多样性均显示出年际波动，但常绿阔叶林、常绿落叶阔叶混交林和常绿针叶林灌木层的生物多样性基本保持在一定水平，常绿落叶阔叶混交林显示出下降趋势，草本层物种在年际间有一定变化，生物多样性在落叶阔叶林呈现出一定的年际波动。

2.6.3.4　城市生态系统

2018 年，深圳市建城区植被调查结果表明，乔灌草藤的比例为 3∶2∶4∶1，乔灌群落以海芋群丛和垂叶榕群丛为主，草本群落以南美蟛蜞和白花鬼针草群丛为主。城市区绿地以鹅掌藤群丛、龙船花群丛和金叶假连翘群丛为主，草本群落以白花鬼针草群丛为主；

公园绿地、广场绿地、单位绿地、居住区绿地和道路绿地受干扰频率较高，以鹅掌藤、龙船花和金叶假连翘乔灌群丛为主；叶子花乔灌群丛、鹅掌藤乔灌群丛、龙船花乔灌群丛和酢浆草草本群丛在各类城市绿地中均有分布。深圳市建城区本地植物占 58.0%，国外外来植物占 29.0%，国内外来植物占 13.0%。深圳市乔木总体生长状况良好，各类绿地中灌木层高度差别较小，人工植物群落中草本盖度优于自然群落。

2.6.4　生物多样性

在生态系统多样性方面，我国有地球陆地生态系统的各种类型，其中森林类型 212 类、竹林 36 类、灌丛 113 类、草甸 77 类、草原 55 类、荒漠 52 类、自然湿地 30 类；有黄海、东海、南海、黑潮流域 4 大海洋生态系统，以及海底古森林、海蚀与海积地貌等自然景观和自然遗迹；还有农田、人工林、人工湿地、人工草地和城市等人工生态系统。

在物种多样性方面，我国已知物种及种下单元数 98 317 种。其中，动物界 42 048 种、植物界 44 510 种、细菌界 469 种、色素界 2 263 种、真菌界 6 339 种、原生动物界 1 883 种、病毒 805 种。列入《国家重点保护野生动物名录》的珍稀濒危野生动物共 420 种，大熊猫、金丝猴、藏羚羊、褐马鸡、扬子鳄等数百种动物为中国所特有。

在遗传资源多样性方面，我国有栽培作物 528 类 1 339 个栽培种，经济树种达 1 000 种以上，中国原产的观赏植物种类达 7 000 种，家养动物 576 个品种。

全国 34 450 种高等植物的评估结果显示，需要重点关注和保护的高等植物有 10 102 种，占评估物种总数的 29.3%。其中，受威胁的高等植物有 3 767 种，属于近危等级（NT）的有 2 723 种，属于数据缺乏等级（DD）的有 3 612 种。

全国 4 357 种已知脊椎动物（除海洋鱼类）的评估结果显示，需要重点关注和保护的脊椎动物有 2 471 种，占评估物种总数的 56.7%。其中，受威胁的脊椎动物有 932 种，属于近危等级（NT）的有 598 种，属于数据缺乏等级（DD）的有 941 种。

全国 9 302 种已知大型真菌的评估结果显示，需要重点关注和保护的大型真菌有 6 538 种，占被评估物种总数的 70.3%。其中，受威胁的大型真菌有 97 种，属于近危等级（NT）的有 101 种，属于数据缺乏等级（DD）的有 6 340 种。

专栏：生物多样性监测

根据《生物多样性保护重大工程观测工作方案》，生态环境部自然生态保护司以南京环境科学研究所为牵头单位，组织全国相关高等院校、科研院所和社会团体，开展以鸟类、哺乳动物、两栖动物和蝴蝶为代表的生物多样性观测，在全国建立了 749 个监测样区，设置样线和样点 11 887 条（个），初步形成了全国生物多样性观测网络。其中，设置鸟类监测样区 380 个，包括样线 2 516 条、样点 1 830 个；两栖动物监测样区 159 个，包括样线

2 076 条、围栏陷阱 310 组、样方 121 个、人工覆盖物 45 处和人工庇护所 47 处；哺乳动物监测样区 70 个，包括 4 200 余台红外相机；蝴蝶监测样区 140 个，包括样线 721 条、样点 21 个。监测样区涵盖森林、草地、荒漠、湿地、农田和城市等代表性生态系统，大部分位于全国重点生态功能保护区、生物多样性保护优先区域和国家级自然保护区等重点区域。

根据《区域生物多样性评价标准》（HJ 623—2011）、《生物多样性观测技术导则 陆生哺乳动物》（HJ 710.3—2014）、《生物多样性观测技术导则 鸟类》（HJ 710.4—2014）、《生物多样性观测技术导则 两栖动物》（HJ 710.6—2014）和《生物多样性观测技术导则 蝴蝶》（HJ 710.9—2014），计算物种种数、种群大小、密度等指标，将当年监测结果与历史资料和往年监测结果作比较，说明指示生物类群的种数、种群大小和密度等的变化。

2.6.5 自然保护区人类活动遥感监测

自然保护区人类活动遥感监测结果显示，2018 年上半年期间，国家级自然保护区新增或规模扩大人类活动总数量 2 304 处，总面积 13.97 km²，占监测总面积的 0.19‰，低于 2017 年下半年的 0.9‰。从类型来看，新增或规模扩大采石场、工矿用地、水电设施和旅

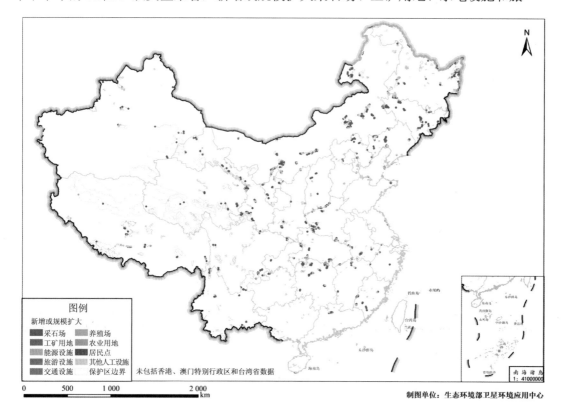

图 2.6-8　2018 年上半年期间国家级自然保护区新增或规模扩大人类活动分布示意

游设施 141 处，面积占新增或规模扩大人类活动总面积的 14.7%；新增或规模扩大居民点、农业用地等 2 163 处，面积占新增或规模扩大人类活动总面积的 85.3%。从功能区来看，有 48.8%的新增或规模扩大人类活动面积分布在实验区，有 9 个保护区的核心区和 16 个保护区的缓冲区存在较明显的新增或规模扩大采石场、工矿用地、旅游设施和水电设施。

2018 年下半年期间，国家级自然保护区新增或规模扩大人类活动总数量 2 384 处，总面积 11.16 km²，占监测总面积的 0.15‰，低于 2018 年上半年的 0.19‰。从类型来看，新增或规模扩大采石场、工矿用地和旅游设施 184 处，面积占新增或规模扩大人类活动总面积的 9.77%；新增或规模扩大居民点、农业用地等类型人类活动 2 200 处，面积占新增或规模扩大人类活动总面积的 90.2%。从功能区来看，有 75.1%的新增或规模扩大人类活动面积分布在实验区，有 7 个保护区的核心区和 11 个保护区的缓冲区存在较明显的新增或规模扩大采石场、工矿用地和旅游设施。

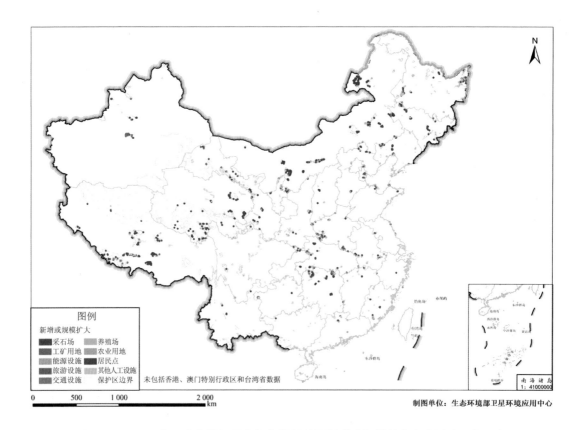

图 2.6-9　2018 年下半年期间国家级自然保护区新增或规模扩大人类活动分布示意

专栏1：典型区未利用地土壤污染风险源遥感监测

　　未利用地是指农用地和建设用地以外的土地，主要包括沙地、滩涂、盐碱地、沼泽地、裸土地及裸岩石砾地等土地利用类型。基于2015年全国30 m空间分辨率土地覆被数据集统计，全国沙漠、戈壁、盐碱地、裸土、裸岩五类未利用地总面积约160.8万km²。其中，新疆、内蒙古、青海未利用地总面积居全国前三，占全国未利用地总面积的81.6%。《土壤污染防治行动计划》中要求"加强未利用地环境管理，依法严查向沙漠、滩涂、盐碱地、沼泽地等非法排污、倾倒有害物质的环境违法行为"。

　　2018年，以新疆为试点，开展了未利用地内土壤污染风险点遥感监测。监测数据采用1 900余景高分一号（GF-1）卫星遥感数据，卫星数据空间分辨率为2 m，具有蓝、绿、红、近红外4个通道。监测范围为沙漠、滩涂、盐碱地、沼泽地及裸地五类未利用地（矢量边界来自第二次全国土地调查数据）。监测对象为未利用地内疑似固体废物堆场及污水排放场地等土壤污染风险点。采用基于改进灰度共生矩阵的纹理特征量计算及光谱指数构建方法，提取未利用地内土壤扰动斑块，并结合影像特征分析和筛选，识别未利用地内土壤污染风险点。经现场核查41处土壤污染风险点，风险点相关企业所属行业以采矿业为主，主要为固体废物堆场，监测结果可为未利用地土壤环境风险管控提供一定技术支撑。

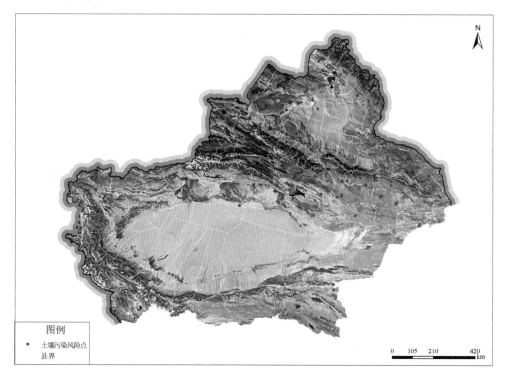

图2.6-10　2018年新疆土壤污染风险点空间分布示意

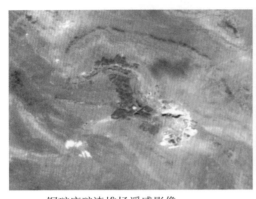 

铜矿废矿渣堆场遥感影像　　　　　　　　　　实地照片

图 2.6-11　土壤污染风险点示例

专栏 2：典型区非正规垃圾堆放点遥感监测

非正规垃圾堆放点遥感监测采用高分二号（GF-2）、北京二号（BJ-2）等高空间分辨率遥感影像数据。卫星数据空间分辨率为 0.8 m，监测指标为垃圾堆放点位置、面积和类型，监测频次为 1 次/a。监测对象为城乡垃圾乱堆乱放形成的各类非正规垃圾堆放点及河流（湖泊）和水利枢纽内一定规模的漂浮垃圾，垃圾类型包括生活垃圾、建筑垃圾、一般工业固体废物和离田农业生产废弃物，监测对象及其分类依据《住房城乡建设部办公厅等部门关于做好非正规垃圾堆放点排查工作的通知》（建办村〔2017〕2 号）。监测原理为基于不同类型垃圾堆放点在遥感影像上呈现不同的光谱特征和纹理特征，采用基于专家知识辅助的目视解译和目标识别相结合的方法进行非正规垃圾堆放点识别。

2018 年 1—7 月，对长江干流（宜宾至上海段）沿线 10 km 范围内面积超过 500 m² 的非正规垃圾堆放点进行遥感监测，共监测到非正规垃圾堆放点 3 435 个，其中下游区域垃圾堆放点数量比例为 67.5%，上游和中游区域垃圾堆放点数量比例分别为 17.0% 和 15.5%。

从各市情况来看，南通垃圾堆放点数量最多，占垃圾堆放点总数的 13.5%；恩施、咸宁和鄂州等 7 个城市垃圾堆放点数量比例小于 1.0%。南京、南通和重庆垃圾堆放点面积占垃圾堆放总面积比例大于 10.0%，恩施、宜昌和咸宁等 8 个城市垃圾堆放点面积比例小于 1.0%。

从垃圾堆放点类型及分布来看，主要类型是建筑垃圾和生活垃圾，分别占垃圾堆放点总数的 60.0% 和 24.7%。建筑垃圾主要分布在南通、南京、重庆和扬州 4 个城市，其他城市数量比例小于 7.0%；生活垃圾主要分布在重庆、南通、上海和扬州 4 个城市，其他城市数量比例小于 6.0%；一般工业固体废物主要分布在镇江、上海、扬州、苏州 4 个城市，占一般工业固体废物总量的 54.6%；离田农业生产废弃物主要分布在苏州、南通和泰州等 6 个城市，其他城市数量比例小于 2.0%；河流漂浮垃圾主要分布在重庆，占河流漂浮垃圾总量的 63.0%，宜宾、苏州和宜昌等 7 个城市有少量分布。

表 2.6-2　2018 年长江干流沿线各市垃圾堆放点数量和面积遥感监测结果

省名	市名	监测面积/km²	堆放点面积/hm²	堆放点数量/个
湖北省	鄂州市	745.0	1.8	7
	恩施州	721.1	1.6	21
	黄冈市	2 357.6	8.3	11
	黄石市	800.1	1.2	9
	荆州市	5 822.1	34.0	89
	武汉市	2 553.4	23.7	119
	咸宁市	1 026.5	1.4	9
	宜昌市	4 153.3	6.2	34
湖南省	岳阳市	1 539.4	27.5	85
江西省	九江市	1 851.5	43.2	170
安徽省	安庆市	2 811.7	35.0	93
	池州市	1 729.5	11.7	21
	马鞍山市	1 181.6	13.6	53
	铜陵市	673.8	8.1	19
	芜湖市	2 008.4	12.3	65
江苏省	常州市	253.1	9.6	72
	南京市	1 974.3	201.4	325
	南通市	2 268.2	105.0	465
	苏州市	1 594.1	30.8	146
	泰州市	1 053.7	59.0	212
	无锡市	435.0	8.3	62
	扬州市	900.9	51.7	314
	镇江市	1 354.5	40.1	238
上海市	上海市	2 431.8	36.4	232
四川省	泸州市	2 159.1	12.0	53
	宜宾市	3 097.7	20.1	135
重庆市	重庆市	12 782.6	90.9	376

　　从垃圾堆放点面积密度①来看，长江下游区域总体上大于上游和中游区域。其中，南

———————

① 垃圾堆放点面积密度：区域单位面积（km²）内垃圾堆放点占地面积大小，单位 m²/km²。

京垃圾堆放点面积密度最大，达 1 038.4 m²/km²；咸宁、黄石、宜昌、鄂州、恩施等 12 个城市垃圾堆放点面积密度在 100.0 m²/km² 以下。

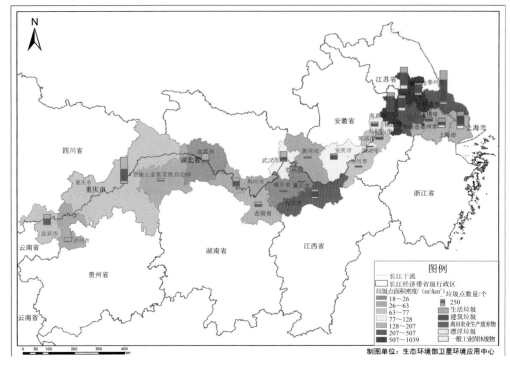

图 2.6-12   2018 年长江干流沿线垃圾堆放点面积密度及数量空间分布示意

2.7   农村

2.7.1   农村环境空气质量

2018 年，2 146 个监测环境空气质量的村庄中，1 986 个村庄空气质量无超标情况，占 92.5%；160 个村庄存在超标情况，占 7.5%，主要超标指标为 $PM_{2.5}$、PM_{10} 和 O_3。空气质量监测天数累计 42 363 天，其中达标天数为 38 631 天，占 91.2%。从各监测指标来看，$PM_{2.5}$ 达标比例为 89.5%，最大超标倍数为 14.6；PM_{10} 达标比例为 93.7%，最大超标倍数为 15.6；O_3 达标比例为 98.2%，最大超标倍数为 0.8；CO 达标比例为 99.7%，最大超标倍数为 1.3；NO_2 达标比例为 99.9%，最大超标倍数为 1.2；SO_2 达标比例为 99.99%，最大超标倍数为 0.3。

表 2.7-1　2018 年监测村庄环境空气质量监测结果

监测指标	监测天数/d	达标比例/%	监测值范围	单位	最大超标倍数
PM$_{2.5}$	22 320	89.5	1～1 171	μg/m^3	14.6
PM$_{10}$	42 335	93.7	1～2 496		15.6
O$_3$	20 050	98.2	1～286		0.8
CO	20 091	99.7	0.1～9.0	mg/m^3	1.3
NO$_2$	42 332	99.9	1～178	μg/m^3	1.2
SO$_2$	42 313	99.99	1～202		0.3

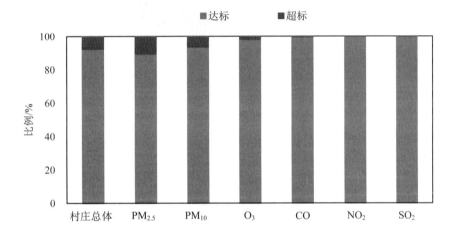

图 2.7-1　2018 年监测村庄空气质量达标比例

　　从各季度监测结果来看，监测村庄的空气质量达标天数比例分别为第一季度 87.6%、第二季度 89.4%、第三季度 94.8%、第四季度 93.0%。

　　从各省份情况来看，福建、海南、重庆和云南 4 个省份监测村庄空气质量达标天数比例均为 100%；北京、天津、河北、山西、陕西和新疆（包括兵团）等省份监测的村庄空气质量达标天数比例相对较低，在 54.0%～87.1% 之间，主要超标指标为 PM$_{2.5}$、PM$_{10}$ 和 O$_3$。

　　从空间分布来看，空气质量超标的村庄多分布在西北地区和华北地区。西北地区主要与当地植被覆盖率低、耕作方式粗放及局部干旱少雨的自然气候条件密切相关，华北地区主要受周边区域性空气污染影响。

2.7.2　农村地表水环境质量

　　2018 年，2 026 个农村地表水水质监测断面中，Ⅰ～Ⅲ类水质断面 1 385 个，占 68.4%；

IV、V 类 481 个，占 23.8%；劣 V 类 160 个，占 7.9%。主要污染指标为总磷、五日生化需氧量和高锰酸盐指数。

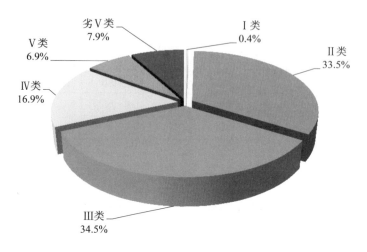

图 2.7-2　2018 年监测村庄地表水水质类别比例

从各季度监测结果来看，第一季度监测断面 1 931 个，Ⅰ～Ⅲ类水质断面占 71.5%，IV、V 类占 19.9%，劣 V 类占 8.6%，主要污染指标为氨氮、总磷和五日生化需氧量；第二季度监测断面 1 963 个，Ⅰ～Ⅲ类水质断面占 69.7%，IV、V 类占 21.9%，劣 V 类占 8.4%，主要污染指标为总磷、五日生化需氧量和氨氮；第三季度监测断面 1 969 个，Ⅰ～Ⅲ类水质断面占 66.6%，IV、V 类占 25.0%，劣 V 类占 8.4%，主要污染指标为总磷、高锰酸盐指数和五日生化需氧量；第四季度监测断面 1 991 个，Ⅰ～Ⅲ类水质断面占 71.1%，IV、V类占 22.7%，劣 V 类占 6.2%，主要污染指标为总磷、五日生化需氧量和高锰酸盐指数。

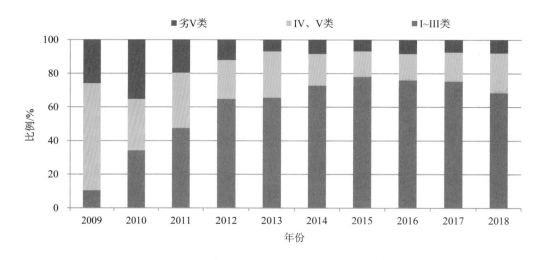

图 2.7-3　2009—2018 年监测村庄地表水水质类别比例年际变化

从各省份情况看，除北京未出现超标外，其他省份均存在超标现象。天津、山西、内蒙古、上海、山东和宁夏地表水水质超标断面比例超过 50%，其中天津、山东和宁夏劣Ⅴ类水质断面比例超过 20%。

2009—2018 年，农村监测村庄地表水Ⅰ～Ⅲ类水质断面比例在 2009—2015 年呈上升趋势、2016—2018 年略有下降；劣Ⅴ类水质断面比例总体呈下降趋势。超标指标以总磷、氨氮、高锰酸盐指数和五日生化需氧量为主，说明农村地表水污染与农村面源污染密切相关。

2.7.3 农村饮用水水源地

2018 年，2 131 个村庄 2 249 个饮用水水源地监测断面（点位）的总体水质达标比例为 81.9%。其中，地表水水源地监测断面 1 155 个，水质达标比例为 97.2%；地下水水源地监测点位 1 094 个，水质达标比例为 65.8%。地表水水源地水质主要超标指标为总磷、硫酸盐和高锰酸盐指数，地下水水源地水质主要超标指标为总大肠菌群、锰和硫酸盐。

从各省份情况来看，除上海、云南和兵团监测村庄的水源地水质达标比例为 100%外，其他省份均存在超标情况，其中辽宁、陕西和宁夏水源地水质达标比例均低于 60.0%。

从各季度监测结果来看，监测村庄地表水水源地水质达标比例基本稳定，在 95.8%～97.8%之间。第一季度监测断面 1 092 个，水质达标比例为 95.8%，主要超标指标为硫酸盐、总磷和氨氮；第二季度监测断面 1 104 个，水质达标比例为 97.8%，主要超标指标为硫酸盐、总磷和氟化物；第三季度监测断面 1 093 个，水质达标比例为 96.2%，主要超标指标为总磷、高锰酸盐指数和硫酸盐；第四季度监测断面 1 099 个，水质达标比例为 97.7%，主要超标指标为硫酸盐、总磷和氯化物。个别村庄的地表水水源地水质存在重金属超标现象。

监测村庄地下水水源地水质达标比例在 68.1%～71.4%之间。第一季度监测点位 1 026 个，水质达标比例为 68.1%，主要超标指标为总大肠菌群、总硬度和氟化物；第二季度监测点位 1 054 个，水质达标比例为 71.4%，主要超标指标为总大肠菌群、氟化物和硫酸盐；第三季度监测点位 1 051 个，水质达标比例为 68.3%，主要超标指标为总大肠菌群、锰和氟化物；第四季度监测点位 1 049 个，水质达标比例为 70.2%，主要超标指标为总大肠菌群、氟化物和硫酸盐。总大肠菌群、氨氮、总硬度和氟化物均为各季度主要超标指标，呈现出明显的农业面源污染特征。

2009—2018 年，监测村庄饮用水水源地水质达标比例总体呈上升趋势，地下水饮用水水源地水质达标比例均低于地表水饮用水水源地。地表水饮用水水源地水质超标指标主要为总磷、高锰酸盐指数、五日生化需氧量和硫酸盐，地下水饮用水水源地水质超标指标主要为总大肠菌群、总硬度、氟化物、锰和硫酸盐。

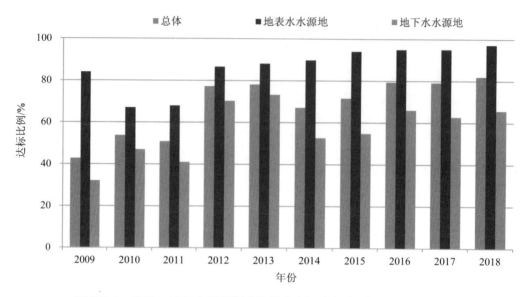

图 2.7-4 2009—2018 年监测村庄饮用水水源地水质达标比例年际变化

2.7.4 农村土壤环境质量

2018 年，1 667 个监测土壤环境质量的村庄中，1 232 个村庄土壤污染物含量小于污染风险筛选值，占监测村庄总数的 73.9%，土壤污染风险低；401 个村庄土壤污染物含量在风险筛选值和风险管制值之间，占监测村庄总数的 24.1%，存在一定的污染风险；34 个村庄土壤污染物含量大于污染风险管制值，占监测村庄总数的 2.0%，土壤污染风险高。

2.7.5 农业面源污染遥感监测

2018 年，全国农业面源污染遥感监测结果表明，总氮面源污染排放负荷为 253.8 kg/km²，入河负荷为 111.2 kg/km²，比上年分别下降 33.4% 和 35.8%；总磷面源污染排放负荷为 9.6 kg/km²，入河负荷为 3.9 kg/km²，比上年分别减少 31.0% 和 35.0%。

2018 年，全国农业面源污染负荷空间分布遥感监测结果表明，农业面源污染严重区域主要分布在长江流域中下游、淮河流域和海河流域，农业面源总氮和总磷的排放负荷均较大。

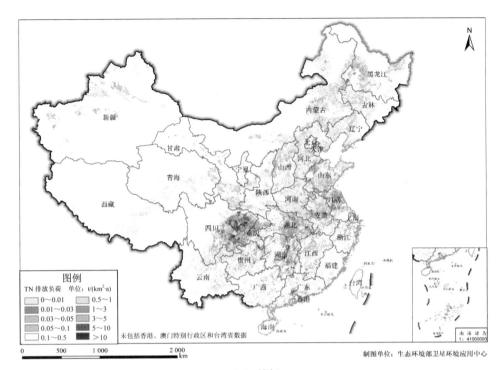

（a）总氮

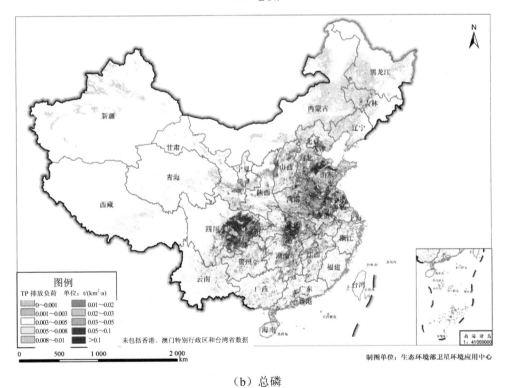

（b）总磷

图 2.7-5　2018 年全国农业面源污染总氮和总磷排放负荷空间分布示意

从排放负荷季度监测结果来看，2018 年全国农业面源污染排放情况年内变动较大，其中第二季度和第三季度的排放负荷较大，总氮和总磷两个季度平均排放负荷分别为 84.5 kg/km^2 和 3.4 kg/km^2。

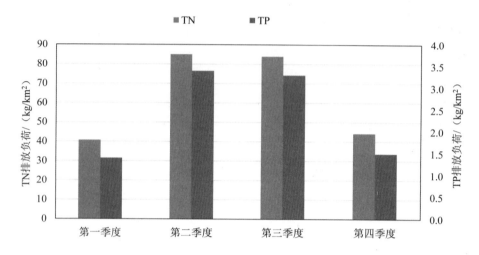

图 2.7-6　2018 年全国农业面源污染总氮和总磷排放负荷季度变化

从入河负荷季度监测结果来看，2018 年全国农业面源污染入河情况年内变动较大，其中第二季度和第三季度的排放负荷较大，总氮和总磷两个季度平均排放负荷分别为 35.4 kg/km^2 和 1.3 kg/km^2。

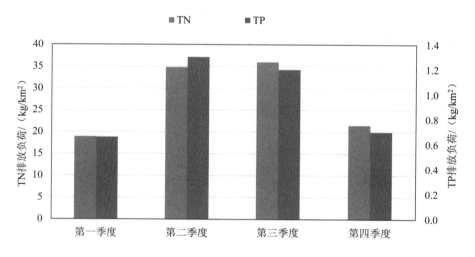

图 2.7-7　2018 年全国农业面源总氮和总磷入河负荷季度变化

专栏：农业面源污染

2018 年，各级农业农村部门认真贯彻落实党中央、国务院关于打好污染防治攻坚战的决策部署，将农业农村生态环境保护摆在农业农村工作的突出位置，牢固树立绿色发展理念，加快转变农业发展方式，加强农业农村突出环境问题治理，农业农村污染治理取得积极进展。因 2018 年数据正在审核中，尚未发布，相关内容为 2017 年结果。

一是化肥农药实现负增长。深入开展化肥使用量零增长、耕地质量保护与提升行动，集成推广化肥机械深施、种肥同播等绿色高效技术，建设 150 个果菜茶有机肥替代化肥示范县。加快绿色防控，在 150 个县开展果菜茶绿色防控试点。以全国 600 个统防统治与绿色防控融合示范基地，推广化学农药替代、精准高效施药等科学用药技术。2017 年，水稻、玉米、小麦三大粮食作物化肥利用率达到 37.8%、比 2015 年提高 2.6 个百分点，化肥用量提前实现负增长。农药利用率达到 38.8%，比 2015 年提高 2.2 个百分点，农药用量连续三年实现负增长。

二是畜禽粪污综合利用率显著提高。编制《畜禽粪污土地承载力测算技术指南》《畜禽规模养殖场粪污资源化利用设施建设规范（试行）》，指导各地以地定畜，为规模养殖场配套建设粪污资源化利用设施、装备提供指导和依据。农业农村部联合生态环境部印发《畜禽养殖废弃物资源化利用工作考核办法（试行）》，明确考核内容和目标任务。推动北京、天津、上海、江苏、浙江、福建、山东等 7 省（市）人民政府开展畜禽粪污资源化利用整省推进，向社会公开承诺提前一年完成国家"十三五"目标任务。组织实施畜禽粪污资源化利用项目，新启动 204 个畜牧大县整县推进，重点支持规模养殖场和第三方机构粪污处理利用设施建设。2017 年，全国畜禽粪污综合利用率达到 70%，规模养殖场粪污处理设施装备配套率达到 63%。

三是秸秆地膜综合利用水平明显提升。以东北地区为重点，建立了 71 个示范县，打造了 20 个样板县，不断提高秸秆综合利用水平。秸秆农用为主、多元发展的利用格局基本形成，2017 年，全国秸秆综合利用率达到 83%。推动地膜新国家标准出台，以西北为重点区域，建设 100 个地膜回收示范县，推广应用新标准地膜，推进机械化捡拾、专业化回收，试点地膜生产者责任延伸制度。示范县地膜回收利用体系初步建立，当季回收率接近 80%，甘肃全省地膜回收率达到 80% 以上。

2.8 辐射

2.8.1 环境电离辐射

2.8.1.1 空气吸收剂量率

2018 年，辐射环境自动监测站实时连续空气吸收剂量率处于当地天然本底涨落范围内。157 个自动站的年均值范围为 49.6～195.2 nGy/h。

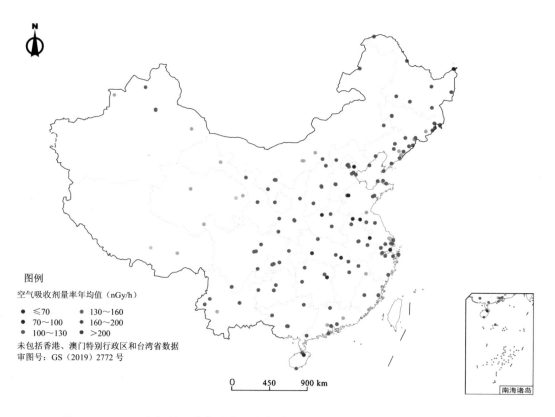

图 2.8-1　2018 年辐射环境自动监测站实时连续空气吸收剂量率年均值分布示意

累积剂量测得的空气吸收剂量率（未扣除宇宙射线响应值）处于当地天然本底涨落范围内，297 个监测点的年均值范围为 45.9～260 nGy/h，主要分布区间为 71.7～120 nGy/h。

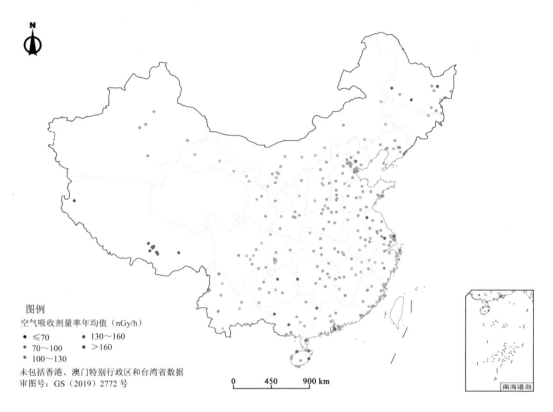

图 2.8-2 2018 年累积剂量测得的空气吸收剂量率年均值分布示意

2.8.1.2 空气

2018 年，气溶胶中天然放射性核素活度浓度处于本底水平，人工放射性核素活度浓度未见异常。

沉降物中天然放射性核素日沉降量处于本底水平，人工放射性核素日沉降量未见异常。降水中氚活度浓度未见异常。

空气（水蒸气）中氚活度浓度未见异常。空气中气态放射性碘-125 和碘-131 未见异常。

表 2.8-1 2018 年气溶胶活度浓度监测结果

监测项目	单位	n/m[①]	范围[②]
铍-7	mBq/m³	1 274/1 274	0.02～18
钾-40	mBq/m³	557/1 276	0.01～0.74
铅-210	mBq/m³	358/358	0.15～8.9
钋-210	mBq/m³	349/349	0.03～1.0

监测项目	单位	n/m[①]	范围[②]
碘-131	μBq/m³	0/1 275	—
铯-134	μBq/m³	0/1 278	—
铯-137（γ 能谱分析）	μBq/m³	6/1 275	0.28～4.1
铯-137（放化分析）	μBq/m³	83/92	0.01～4.3
锶-90	μBq/m³	78/86	0.07～20

注：① 表中符号说明："n"表示 2018 年高于 MDC（探测下限）测值数，"m"表示 2018 年测值总数，"—"表示不适用（下同）。
　　② 范围表示高于 MDC 测值范围（下同）。

表2.8-2　2018 年沉降物活度浓度监测结果

监测项目	单位	总沉降		干沉降		湿沉降	
		n/m	范围	n/m	范围	n/m	范围
铍-7	Bq/（m²·d）	87/87	0.06～10	29/29	0.09～1.8	27/28	0.02～2.9
钾-40	Bq/（m²·d）	79/88	0.01～1.4	20/28	0.02～0.18	13/29	0.01～0.24
碘-131	mBq/（m²·d）	0/85	—	0/29	—	0/29	—
铯-134	mBq/（m²·d）	0/89	—	0/29	—	0/29	—
铯-137（γ 能谱分析）	mBq/（m²·d）	4/88	3.4～4.9	0/29	—	0/29	—
铯-137（放化分析）	mBq/（m²·d）	16/18	0.38～3.9	5/7	0.09～0.88	6/7	0.06～0.68
锶-90	mBq/（m²·d）	22/23	0.32～9.1	5/6	1.2～13	7/7	0.19～3.6

2.8.1.3　水体

2018 年，长江、黄河、珠江、松花江、淮河、海河、辽河、浙闽片河流、西南诸河、西北诸河和重点湖泊（水库）地表水中总α和总β活度浓度、天然放射性核素铀和钍浓度、镭-226 活度浓度处于本底水平；人工放射性核素锶-90 和铯-137 活度浓度未见异常。江河水高于 MDC 的测值中，天然放射性核素铀浓度的主要分布区间为 0.28～3.7 μg/L，钍浓度的主要分布区间为 0.06～0.46 μg/L，镭-226 活度浓度的主要分布区间为 3.2～14 mBq/L；人工放射性核素锶-90 活度浓度的主要分布区间为 1.2～5.9 mBq/L，铯-137 活度浓度的主要分布区间为 0.2～0.9 mBq/L。

地下水中总α和总β活度浓度、天然放射性核素铀和钍浓度、镭-226 活度浓度处于本底水平。其中，饮用地下水中总α和总β活度浓度低于《生活饮用水卫生标准》（GB 5749—2006）规定的放射性指标指导值。

集中式饮用水水源地水中总α和总β活度浓度、天然放射性核素铀和钍浓度、镭-226

活度浓度处于本底水平；人工放射性核素锶-90 和铯-137 活度浓度未见异常。其中，总α和总β活度浓度低于《生活饮用水卫生标准》（GB 5749—2006）规定的放射性指标指导值。

近岸海域海水中天然放射性核素铀和钍浓度、镭-226 活度浓度处于本底水平；人工放射性核素锶-90 和铯-137 活度浓度未见异常，且低于《海水水质标准》（GB 3097—1997）规定的限值。

表 2.8-3　2018 年水体监测结果

监测项目	水类别	江河水	湖库水	饮用水水源地水	地下水	海水
铀/（μg/L）	n/m	160/160	42/42	89/91	30/30	46/46
	范围	0.05～7.6	0.03～11	0.04～6.0	0.03～20	1.3～5.0
钍/（μg/L）	n/m	156/161	41/41	89/92	28/30	44/44
	范围	0.02～1.0	0.05～0.88	0.02～1.2	0.04～0.57	0.04～1.0
镭-226/（mBq/L）	n/m	144/148	39/41	79/85	28/30	43/46
	范围	1.6～22	0.76～21	1.0～18	1.0～25	2.8～13
锶-90/（mBq/L）	n/m	154/155	42/42	88/90	/	46/48
	范围	0.72～8.5	0.66～10	0.50～7.2	/	0.53～5.2
铯-137/（mBq/L）	n/m	108/161	20/40	47/92	/	44/46
	范围	0.1～1.6	0.2～2.0	0.1～0.9	/	0.4～2.0

注："/" 表示监测方案未要求开展监测。

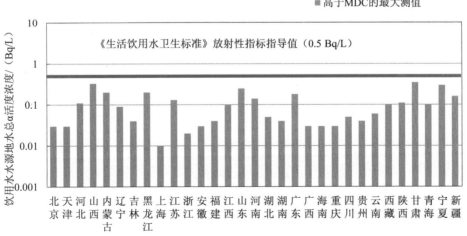

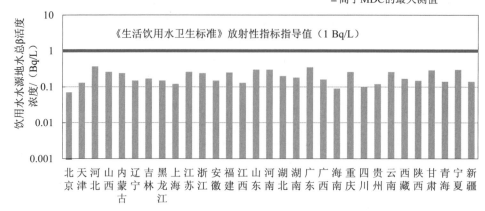

图 2.8-3 2018 年集中式饮用水水源地水中总α和总β活度浓度

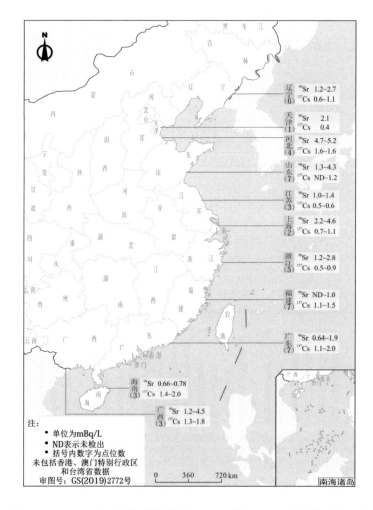

图 2.8-4 2018 年近岸海域海水中锶-90 和铯-137 活度浓度分布示意

2.8.1.4　土壤

2018 年，土壤中天然放射性核素铀-238、钍-232 和镭-226 活度浓度处于本底水平，人工放射性核素铯-137 活度浓度未见异常。

土壤高于 MDC 的测值中，天然放射性核素铀-238 活度浓度的主要分布区间为 24～74 Bq/kg，钍-232 活度浓度的主要分布区间为 32～83 Bq/kg，镭-226 活度浓度的主要分布区间为 22～63 Bq/kg；人工放射性核素铯-137 活度浓度的主要分布区间为 0.5～3.5 Bq/kg。

表 2.8-4　2018 年土壤监测结果

监测项目	单位	n/m	范围
铀-238	Bq/（kg·干）	325/346	7～302
钍-232	Bq/（kg·干）	359/359	9～425
镭-226	Bq/（kg·干）	361/361	9～344
铯-137	Bq/（kg·干）	206/341	0.2～8.1

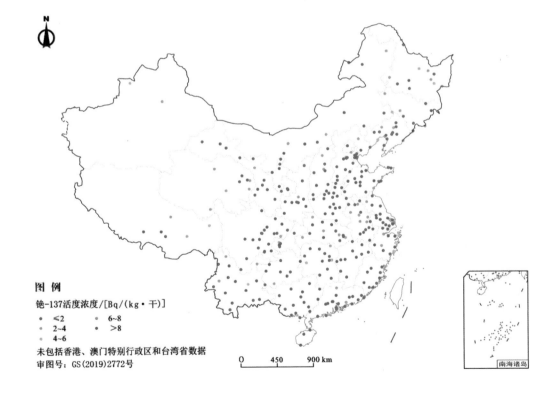

图　例

铯-137活度浓度/[Bq/（kg·干）]

· ≤2　　· 6～8
· 2～4　　· ＞8
· 4～6

未包括香港、澳门特别行政区和台湾省数据

审图号：GS（2019）2772号

0　　450　　900 km

南海诸岛

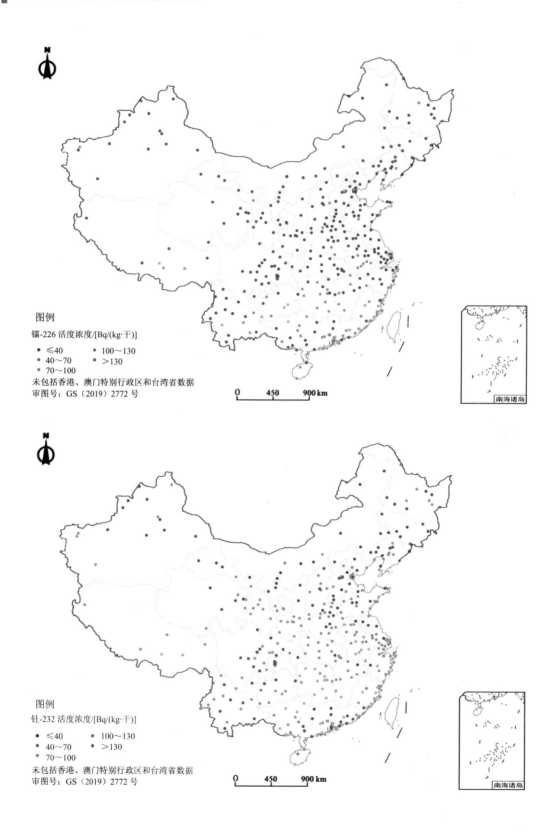

图例

镭-226 活度浓度/[Bq/(kg·干)]

- ≤40
- 40～70
- 70～100
- 100～130
- ＞130

未包括香港、澳门特别行政区和台湾省数据
审图号：GS（2019）2772 号

0   450   900 km

南海诸岛

图例

钍-232 活度浓度/[Bq/(kg·干)]

- ≤40
- 40～70
- 70～100
- 100～130
- ＞130

未包括香港、澳门特别行政区和台湾省数据
审图号：GS（2019）2772 号

0   450   900 km

南海诸岛

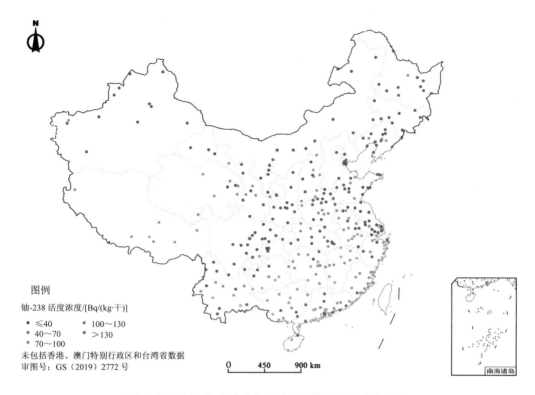

图 2.8-5　2018 年土壤中放射性核素活度浓度分布示意

2.8.2　环境电磁辐射

2018 年，31 个直辖市和省会城市环境综合电场强度为 0.13～2.6 V/m，远低于《电磁环境控制限值》（GB 8702—2014）中规定的公众曝露控制限值。

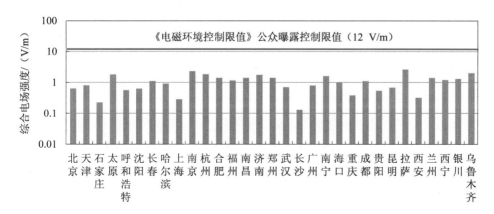

图 2.8-6　2018 年直辖市和省会城市环境电磁辐射水平

2.9 气候变化

2018 年，全国单位国内生产总值二氧化碳排放比上年下降约 4.0%，超过年度预期目标 0.1 个百分点；比 2005 年下降 45.8%，超过到 2020 年单位国内生产总值二氧化碳排放降低 40%～45% 的目标。

2.10 污染源

2.10.1 重点污染源监督性监测

2.10.1.1 废气污染源监督性监测

2018 年，废气污染源监督性监测的重点排污单位为 10 056 家，其中 609 家超标，超标率为 6.1%。

对颗粒物、二氧化硫和氮氧化物开展监测的排污单位数量分别为 7 609 家、6 653 家和 6 502 家，超标排污单位数量分别为 324 家、124 家和 136 家，分别占各项污染物监测排污单位数量的 4.3%、1.9% 和 2.1%。

废气排放排污单位主要分布在电力热力、非金属矿物制品、化学原料及化学制品制造、有色金属冶炼及压延加工、黑色金属冶炼及压延加工、石油加工与炼焦、金属制品业、医药制造业、造纸及纸制品业、交通运输设备制造业等行业，开展监测的排污单位数量分别为 2 037 家、1 439 家、1 254 家、513 家、477 家、465 家、372 家、306 家、303 家和 301 家，超标排污单位数量分别为 128 家、105 家、80 家、37 家、31 家、49 家、6 家、18 家、23 家、9 家，分别占各行业监测排污单位数量的 6.3%、7.3%、6.4%、7.2%、6.5%、10.5%、1.6%、5.9%、7.6%、3.0%。

2.10.1.2 废水污染源监督性监测

2018 年，废水污染源监督性监测的重点排污单位为 11 013 家，其中 1 130 家超标，超标率为 10.3%。

对化学需氧量、氨氮、总氮和总磷开展监测的排污单位数量分别为 10 370 家、8 380 家、3 602 家和 5 026 家，超标排污单位数量分别为 289 家、212 家、136 家和 198 家，分别占各项污染物监测排污单位数量的 2.8%、2.5%、3.8% 和 3.9%。

废水排放排污单位主要分布在纺织，化学原料及化学制品制造，金属制品制造，造纸及纸制品，卫生，农副食品加工，医药制造，饮料制造，通信设备、计算机及其他电子设备制造，交通运输设备制造等行业，开展监测的排污单位数量分别为 1 437 家、1 188 家、

1 066 家、840 家、772 家、647 家、562 家、422 家、405 家、392 家，超标排污单位数量分别为 213 家、89 家、103 家、42 家、177 家、80 家、52 家、31 家、26 家、19 家，分别占各行业监测排污单位数量的 14.8%、7.5%、9.7%、5.0%、22.9%、12.4%、9.3%、7.3%、6.4%、4.8%。

2.10.1.3　城镇污水处理厂监督性监测

2018 年，开展监督性监测的 4 576 家城镇污水处理厂中，797 家污水厂超标，超标率为 17.4%。

对氨氮和化学需氧量开展监测的污水厂分别为 4 538 家和 4 551 家，超标的分别为 133 家和 85 家，分别占各项污染物监测污水厂数量的 2.9% 和 1.9%。

对总氮和总磷开展监测的污水厂分别为 4 122 家和 4 332 家，超标的分别为 302 家和 296 家，分别占各项污染物监测污水厂数量的 7.3% 和 6.8%。

对粪大肠菌群数和悬浮物开展监测的污水厂分别为 3 891 家和 4 257 家，超标的分别为 322 家和 199 家，分别占各项污染物监测污水厂数量的 8.3% 和 4.7%。

2.10.2　排污单位自行监测监督检查

2018 年上半年，共检查重点排污单位 6 492 家次，自行监测信息平均公布率为 88.3%。其中，北京、湖南、兵团、福建、新疆、山东、广东、天津、安徽、浙江、海南、河北和青海 13 个地区公布率超过 90%。

2018 年下半年，共检查重点排污单位 5 880 家次，自行监测信息平均公布率为 89.3%。其中，北京、新疆、兵团、山东、江西、广东、福建、浙江、陕西、天津、安徽、海南、贵州、江苏和甘肃 15 个地区公布率超过 90%。

2.10.3　固定污染源废气 VOCs 监测

2018 年上半年，有组织监测评价的 328 家排污单位中，达标排放排污单位 312 家，达标排放排污单位比例为 95%。有 16 家排污单位出现排放超标现象，主要分布在天津、济南、太原和石家庄，主要是设备制造、化工、石化、家具制造、医药、金属冶炼等行业。其中，石化、家具制造、医药、金属冶炼行业达标排污单位比例较低，分别为 83%、88%、88%、89%。无组织监测评价的 138 家排污单位中，达标排放排污单位 125 家，达标排放排污单位比例为 91%。有 13 家排污单位出现排放超标现象，主要分布在石家庄、新乡和济南，主要是医药、印刷、设备制造等行业。其中，金属制品、医药、金属冶炼、印刷、木材加工行业达标排污单位比例较低，分别为 67%、75%、75%、80%、89%。

2018 年下半年，有组织监测评价的 1 156 家排污单位中，达标排放排污单位 1 095 家，达标排放排污单位比例为 95%。有 61 家排污单位出现排放超标现象，主要分布在浙江、广东、四川和山西，主要是有色金属冶炼印刷、家具制造、化工、塑料制品等行业。其中，有色金属冶炼、家具制造、石化行业达标企业比例较低，分别为 75%、83%、89%。无组织监测评价的 613 家排污单位中，达标排污单位 585 家，达标排放排污单位比例为 95%。有 28 家排污单位出现排放超标现象，主要分布在新疆、浙江和山西，主要是化工、制革、塑料制品、石化等行业。其中，制革、塑料制品行业达标排污单位比例较低，分别为 60%、88%。

专栏 1：排污单位自行监测质量专项检查与抽测

2018 年，为贯彻落实《生态环境监测质量监督检查三年行动计划（2018—2020 年）》的通知（环办监测函〔2018〕793 号），根据生态环境部要求，中国环境监测总站对长三角地区的 246 家废水排污单位开展了自行监测质量专项检查，对 260 家废水排污单位开展了抽测，对 254 家企业的废水自动监测设备开展了质控样考核和手工同步比对监测；对汾渭平原的 313 家废气排污单位开展了自行监测质量专项检查，对 141 家废气排污单位开展了抽测，对 136 套自动监测设备开展了质控样考核和手工同步比对监测。

检查结果显示，246 家废水排污单位中，自行监测不规范的有 7 家，占 2.8%；313 家废气排污单位中，自行监测不规范的有 12 家，占 3.8%。

抽测结果显示，260 家废水排污单位中，73 家排放超标，占 28.1%；141 家废气排污单位中，13 家排放超标，占 9.2%。

质控样考核和手工同步比对监测结果显示，254 家企业废水自动监测设备比对中，132 家比对不合格；136 套废气自动监测设备中，106 套综合评价不合格。

专栏 2：生活垃圾焚烧厂二噁英排放监测

2018 年，按季度对全国 278 家生活垃圾焚烧厂二噁英排放情况开展监督性监测。对具备监测条件的垃圾焚烧厂周边环境空气、土壤现状以及飞灰排放情况开展了一次监测。

生活垃圾焚烧厂废气中二噁英排放均执行《生活垃圾焚烧污染控制标准》（GB 18485—2014），标准限值为 0.1 ngTEQ/m³。

第三篇

总结

3.1　基本结论

2018 年，城市环境空气质量进一步改善，酸雨发生面积继续减少，地表水环境质量呈改善趋势，重要湖库水质总体改善，海洋生态环境状况稳中向好，城市声环境质量基本稳定，生态环境质量保持稳定，辐射环境质量总体良好。

3.1.1　城市环境空气质量改善

338 个地级及以上城市中有 121 个城市环境空气质量达标，占 35.8%。$PM_{2.5}$ 年均浓度平均为 39 $\mu g/m^3$，比上年下降 9.3%；$PM_{2.5}$ 达标城市比例为 43.8%，比上年上升 8.0 个百分点。PM_{10} 年均浓度平均为 71 $\mu g/m^3$，比上年下降 5.3%；PM_{10} 达标城市比例为 56.8%，比上年上升 9.8 个百分点。SO_2 年均浓度平均为 14 $\mu g/m^3$，比上年下降 22.2%；SO_2 达标城市比例为 100.0%，比上年上升 0.9 个百分点。CO 日均值第 95 百分位数浓度平均为 1.5 mg/m^3，比上年下降 11.8%；CO 达标城市比例为 99.7%，比上年上升 0.9 个百分点。NO_2 年均浓度平均为 29 $\mu g/m^3$，比上年下降 6.5%；NO_2 达标城市比例为 84.6%，比上年上升 4.5 个百分点。

3.1.2　酸雨发生面积继续减少

全国酸雨发生面积约 53 万 km^2，占国土面积的 5.5%，比上年下降 0.9 个百分点。酸雨分布区域集中在长江以南—云贵高原以东地区，主要包括浙江、上海的大部分地区、福建北部、江西中部、湖南中东部、广东中部和重庆南部。与上年相比，较重酸雨城市比例下降 1.8 个百分点，酸雨城市和重酸雨城市比例总体持平。

3.1.3　地表水环境质量呈改善趋势

全国地表水总体为轻度污染，与上年相比无明显变化。主要污染指标为化学需氧量、总磷和氨氮。水质优良（Ⅰ～Ⅲ类）断面比例为 71.0%，比上年上升 3.1 个百分点；劣Ⅴ类断面比例为 6.7%，比上年下降 1.6 个百分点。西北诸河和西南诸河水质为优，长江流域、珠江流域和浙闽片河流水质良好，黄河流域、松花江流域和淮河流域为轻度污染，海河流域和辽河流域为中度污染。

3.1.4 重要湖库水质总体改善

111 个重要湖库中，水质为优的重要湖库 41 个，比上年增加 8 个，占 36.9%；水质良好的占 29.7%；轻度污染的占 17.1%；中度污染的占 8.1%；重度污染的占 8.1%。主要污染指标为总磷、化学需氧量和高锰酸盐指数。其中，太湖为轻度污染，巢湖为中度污染，滇池为轻度污染，滇池水质状况比上年明显好转。开展营养状态监测的 107 个湖库中，中度富营养状态的湖库占 5.6%，轻度富营养状态的占 23.4%，中营养状态的占 61.7%，贫营养状态的占 9.3%。

3.1.5 海洋生态环境状况稳中向好

管辖海域夏季一类海水水质的海域面积占管辖海域面积的 96.3%，劣于四类海水水质的海域面积为 33 270 km^2，比上年同期减少 450 km^2。近岸海域水质一般，主要污染指标为无机氮和活性磷酸盐。一类和二类海水点位比例为 74.5%，比上年上升 6.7 个百分点；劣四类点位比例为 15.6%，与上年持平。入海河流劣 V 类水质断面比例比上年下降 6.1 个百分点。河口区域沉积物质量状况总体趋好，海水放射性水平和 γ 辐射空气吸收剂量率未见异常。典型海洋生态系统健康状况基本保持稳定。海洋倾倒区和海洋油气区环境质量基本符合海洋功能区环境保护要求。

3.1.6 城市声环境质量基本稳定

地级及以上城市昼间区域声环境质量为一级和二级的城市占 67.5%，比上年下降 3.4 个百分点；夜间占 39.2%，比 2013 年下降 9.3 个百分点。昼间道路交通声环境质量评价为一级和二级的城市占 95.1%，比上年上升 1.6 个百分点；夜间占 64.5%，比 2013 年下降 16.4 个百分点。各类功能区声环境质量昼间达标率为 92.6%，比上年上升 0.6 个百分点；夜间达标率为 73.5%，比上年下降 0.5 个百分点。

3.1.7 生态环境质量保持稳定

2018 年，全国生态环境状况指数值为 51.4，生态环境质量属于"一般"。与上年相比，生态状况指数值上升 0.3，属"无明显变化"，生态质量保持稳定。31 个省份中，生态环境质量"优"的省份有 6 个，占国土面积的 8.6%；"良"的省份有 165 个，占国土面积的 31.4%；"一般"的省份有 9 个，占国土面积的 42.7%；"较差"的省份有 1 个，占国土面积的 17.3%；没有"差"类。生态环境质量"优"和"良"的县域面积占国土面积的 44.7%，主要分布在青藏高原以东、秦岭—淮河以南及东北的大小兴安岭地区和长白山地区；"一般"的县域主要分布在华北平原、黄淮海平原、东北平原中西部和内蒙古中部；"较差"和"差"的县域主要分布在内蒙古西部、甘肃中西部、西藏西部和新疆大部。

3.1.8 辐射环境质量总体良好

全国环境电离辐射水平处于本底涨落范围内，空气吸收剂量率处于当地天然本底涨落范围内；环境介质中的天然放射性核素活度浓度处于本底水平，人工放射性核素活度浓度未见异常。环境电磁辐射水平低于国家规定的电磁环境控制限值。

3.2 主要环境问题

3.2.1 城市空气质量超标普遍，区域性、复合型问题突出

2018 年，338 个地级及以上城市中仍有 64.2% 的城市环境空气质量超标。重点区域环境空气污染问题更为突出，京津冀及周边地区"2+26"城市和汾渭平原城市全部不达标，长三角地区城市超标比例为 82.9%，3 个重点区域城市达标天数比例均低于全国平均水平。$PM_{2.5}$ 和 O_3 浓度较高区域均位于京津冀及周边地区、汾渭平原、长三角地区，覆盖范围基本重叠，重点地区空气质量表现出明显的复合型污染特征。

3.2.2 部分流域污染相对较重，辽河流域比上年水质有所变差

2018 年，主要江河总体为轻度污染，黄河流域、松花江流域和淮河流域为轻度污染，海河流域和辽河流域为中度污染。水质污染严重（劣 V 类）断面主要分布在海河流域和辽河流域。剔除本底值影响后，仍有 5 个湖泊（艾比湖、呼伦湖、星云湖、异龙湖和大通湖）水质为劣 V 类，污染严重。与上年同期相比，辽河流域水质总体有所变差，由轻度污染变为中度污染。

3.2.3 夜间城市区域声环境质量相对较差，城市道路交通两侧区域夜间噪声污染依然严重

2018 年，全国城市夜间区域声环境质量平均等效声级为 46.0 dB（A），达到一级和二级的城市比例仅为 39.2%，均显著低于昼间水平。全国城市功能区夜间达标率均低于昼间，

4a 类功能区（道路交通两侧区域）夜间点次达标率最低。直辖市和省会城市噪声污染重于全国城市平均水平。

3.2.4 农村环境存在一定污染

监测的 2 146 个村庄中，160 个村庄环境空气质量存在超标情况，占 6.0%，主要超标指标为 $PM_{2.5}$、PM_{10} 和 O_3，超标村庄大多分布在西北地区和华北地区。2 026 个农村地表水水质监测断面中，Ⅰ～Ⅲ类水质断面占 68.4%，Ⅳ、Ⅴ类占 23.7%，劣Ⅴ类占 7.9%，主要污染指标为总磷、五日生化需氧量和高锰酸盐指数。2 131 个饮用水水源地水质达标比例为 81.9%，比城市集中式饮用水水源地达标率低 7.9 个百分点，其中地下水水源地水质达标比例比城市地下水水源地达标率低 20.7 个百分点。1 667 个监测土壤的村庄中，401 个村庄土壤污染物含量在风险筛选值和风险管制值之间，占监测村庄总数的 24.1%，存在一定的污染风险；34 个村庄土壤污染物含量大于污染风险管制值，占监测样品总数的 2.0%，土壤污染风险高。

3.3 对策建议

3.3.1 深入落实《打赢蓝天保卫战三年行动计划》，科学精准治污

全面推进落实《打赢蓝天保卫战三年行动计划》，加快产业结构、能源结构、运输结构和用地结构优化调整；扎实推进重点区域联防联控，有效应对重污染天气。持续推进大气重污染成因与治理攻关项目，推动重点城市编制大气污染物排放清单，加强县级环境空气质量自动监测网络建设，组织开展 $PM_{2.5}$ 组分监测和光化学监测。以监测数据助力精准施策，大力减少污染物排放，推进全国环境空气质量持续改善。

3.3.2 推进地表水严重污染水体生态治理工作，避免破坏式治污

大力推进碧水保卫战，对严重污染水体开展科学合理的生态治理工作。重视水生生物监测，推动环境质量常规监测向生态质量监测方向的发展。在开展水体综合治理过程中，应当因地制宜，一河（一湖）一策，不能一味追求短期效应。同时应充分考虑河岸与河流生态系统的互动和统一，重视河流生态系统保护，避免治理过程中河流生态系统功能退化，杜绝"破坏式治污"。

3.3.3　重视农村环境污染问题，加强农村生态环境管理

针对农村环境存在一定污染的问题，建议重视农村生态环境监管，因地制宜实施农业技术提高化肥农药施用效率，实施农村固体废物综合利用，加强农业面源污染防治，加大农村饮用水水源地整治力度，改善农村生态环境。

附　表

2018 年 338 个地级及以上城市六项污染物浓度及环境空气质量达标情况

省份	城市名称	SO₂年均浓度/（μg/m³）	NO₂年均浓度/（μg/m³）	PM₁₀年均浓度/（μg/m³）	CO 日均值第 95 百分位数浓度/（mg/m³）	O₃日最大 8 h 平均值第 90 百分位数浓度/（μg/m³）	PM₂.₅年均浓度/（μg/m³）	达标情况
北京	北京市	6	42	78	1.7	192	51	超标
天津	天津市	12	47	82	1.9	201	52	超标
河北	石家庄市	23	50	131	2.6	211	72	超标
河北	唐山市	34	56	110	3.3	197	60	超标
河北	秦皇岛市	21	45	77	2.5	164	38	超标
河北	邯郸市	22	43	133	2.8	201	69	超标
河北	邢台市	26	50	131	2.8	203	69	超标
河北	保定市	21	47	114	2.4	210	67	超标
河北	承德市	13	34	78	1.9	174	32	超标
河北	沧州市	24	43	102	1.8	200	59	超标
河北	廊坊市	11	47	97	2.0	192	52	超标
河北	衡水市	15	34	101	1.8	191	62	超标
河北	张家口市	14	23	69	1.4	181	29	超标
山西	太原市	29	52	135	1.9	191	59	超标
山西	大同市	31	29	82	3.1	153	36	超标
山西	阳泉市	32	45	108	2.2	184	59	超标
山西	长治市	22	31	98	2.4	189	54	超标
山西	晋城市	25	40	118	2.9	214	60	超标
山西	朔州市	35	33	109	1.6	160	44	超标
山西	晋中市	37	45	110	2.1	179	55	超标
山西	运城市	30	31	108	3.3	189	60	超标
山西	忻州市	34	44	96	2.0	166	53	超标

省份	城市名称	SO$_2$年均浓度/（μg/m^3）	NO$_2$年均浓度/（μg/m^3）	PM$_{10}$年均浓度/（μg/m^3）	CO日均值第95百分位数浓度/（mg/m^3）	O$_3$日最大8h平均值第90百分位数浓度/（μg/m^3）	PM$_{2.5}$年均浓度/（μg/m^3）	达标情况
山西	临汾市	46	40	117	3.6	217	69	超标
山西	吕梁市	40	45	95	2.4	163	52	超标
内蒙古	呼和浩特市	20	41	86	2.2	150	36	超标
内蒙古	包头市	24	39	84	2.3	156	39	超标
内蒙古	乌海市	35	30	99	1.8	165	39	超标
内蒙古	赤峰市	20	27	69	1.5	127	30	达标
内蒙古	通辽市	14	20	62	1.0	148	32	达标
内蒙古	鄂尔多斯市	13	26	69	1.1	163	24	超标
内蒙古	呼伦贝尔市	3	14	30	0.6	112	16	达标
内蒙古	巴彦淖尔市	14	22	74	1.2	152	31	超标
内蒙古	乌兰察布市	23	25	50	1.0	155	26	达标
内蒙古	兴安盟	8	13	38	1.0	118	21	达标
内蒙古	锡林郭勒盟	19	12	44	0.8	141	13	达标
内蒙古	阿拉善盟	10	11	69	0.9	163	34	超标
辽宁	沈阳市	26	39	72	1.8	163	41	超标
辽宁	大连市	12	27	55	1.3	157	30	达标
辽宁	鞍山市	22	34	76	2.1	158	41	超标
辽宁	抚顺市	21	32	72	1.6	164	43	超标
辽宁	本溪市	21	31	65	2.2	137	34	达标
辽宁	丹东市	19	22	50	1.6	127	29	达标
辽宁	锦州市	39	35	75	1.8	152	46	超标
辽宁	营口市	12	29	68	1.7	186	40	超标
辽宁	阜新市	29	24	63	1.3	159	36	超标
辽宁	辽阳市	22	30	69	2.0	157	39	超标
辽宁	盘锦市	22	28	58	1.6	171	36	超标
辽宁	铁岭市	15	30	71	1.3	148	40	超标
辽宁	朝阳市	27	24	71	1.8	166	38	超标
辽宁	葫芦岛市	38	33	71	2.0	159	42	超标
吉林	长春市	16	35	61	1.3	133	33	达标
吉林	吉林市	15	27	63	1.5	149	37	超标

省份	城市名称	SO$_2$ 年均浓度/（μg/m^3）	NO$_2$ 年均浓度/（μg/m^3）	PM$_{10}$ 年均浓度/（μg/m^3）	CO 日均值第 95 百分位数浓度/（mg/m^3）	O$_3$ 日最大 8 h 平均值第 90 百分位数浓度/（μg/m^3）	PM$_{2.5}$ 年均浓度/（μg/m^3）	达标情况
吉林	四平市	14	28	68	1.5	159	38	超标
吉林	辽源市	13	27	48	1.6	154	34	达标
吉林	通化市	16	26	54	1.8	140	28	达标
吉林	白山市	21	22	59	1.6	134	32	达标
吉林	松原市	7	16	61	1.2	136	27	达标
吉林	白城市	10	16	50	1.2	135	28	达标
吉林	延边州	11	21	45	1.2	130	27	达标
黑龙江	哈尔滨市	20	37	65	1.3	136	39	超标
黑龙江	齐齐哈尔市	15	18	53	1.1	121	28	达标
黑龙江	鸡西市	7	22	57	1.5	95	34	达标
黑龙江	鹤岗市	11	18	61	1.2	121	27	达标
黑龙江	双鸭山市	10	20	48	1.5	124	28	达标
黑龙江	大庆市	13	23	43	1.0	127	27	达标
黑龙江	伊春市	7	15	38	1.0	112	21	达标
黑龙江	佳木斯市	8	22	47	1.1	121	29	达标
黑龙江	七台河市	13	31	81	1.0	139	33	超标
黑龙江	牡丹江市	7	25	58	1.3	125	30	达标
黑龙江	黑河市	14	13	40	1.0	118	19	达标
黑龙江	绥化市	13	17	53	1.2	110	35	达标
黑龙江	大兴安岭地区	17	16	34	0.8	109	19	达标
上海	上海市	10	42	51	1.1	160	36	超标
江苏	南京市	10	44	75	1.3	181	43	超标
江苏	无锡市	12	43	75	1.6	179	43	超标
江苏	徐州市	17	42	104	1.6	184	62	超标
江苏	常州市	15	49	77	1.6	194	53	超标
江苏	苏州市	8	48	65	1.2	173	42	超标
江苏	南通市	17	36	62	1.2	160	41	超标
江苏	连云港市	15	31	67	1.5	169	44	超标
江苏	淮安市	10	31	82	1.5	173	50	超标
江苏	盐城市	9	27	73	1.3	169	43	超标

省份	城市名称	SO$_2$年均浓度/（μg/m^3）	NO$_2$年均浓度/（μg/m^3）	PM$_{10}$年均浓度/（μg/m^3）	CO日均值第95百分位数浓度/（mg/m^3）	O$_3$日最大8 h平均值第90百分位数浓度/（μg/m^3）	PM$_{2.5}$年均浓度/（μg/m^3）	达标情况
江苏	扬州市	13	38	87	1.5	180	49	超标
江苏	镇江市	10	38	74	1.3	177	54	超标
江苏	泰州市	10	32	75	1.5	176	49	超标
江苏	宿迁市	11	33	76	1.6	183	53	超标
浙江	杭州市	10	43	68	1.3	181	40	超标
浙江	宁波市	9	36	52	1.2	152	33	达标
浙江	温州市	9	37	58	1.0	141	30	达标
浙江	嘉兴市	9	36	63	1.4	184	39	超标
浙江	湖州市	13	38	60	1.3	189	36	超标
浙江	金华市	11	35	54	1.2	165	34	超标
浙江	衢州市	8	32	54	1.2	152	33	达标
浙江	舟山市	7	20	40	1.0	131	22	达标
浙江	台州市	6	23	53	1.0	145	29	达标
浙江	丽水市	7	23	45	1.0	135	28	达标
浙江	绍兴市	9	31	66	1.4	171	42	超标
安徽	合肥市	7	43	72	1.4	169	48	超标
安徽	芜湖市	11	42	68	1.5	179	50	超标
安徽	蚌埠市	16	38	85	1.4	176	54	超标
安徽	淮南市	16	29	86	1.3	180	56	超标
安徽	马鞍山市	15	38	76	1.7	185	45	超标
安徽	淮北市	17	34	91	1.5	184	58	超标
安徽	铜陵市	18	41	75	1.7	146	49	超标
安徽	安庆市	11	32	65	1.1	165	47	超标
安徽	黄山市	11	17	42	1.0	98	24	达标
安徽	滁州市	11	40	80	1.3	174	50	超标
安徽	阜阳市	9	28	89	1.4	163	55	超标
安徽	宿州市	16	42	88	1.5	181	58	超标
安徽	六安市	7	35	79	1.1	170	45	超标
安徽	亳州市	13	29	93	1.4	185	57	超标
安徽	池州市	12	35	67	1.4	158	44	超标

省份	城市名称	SO$_2$ 年均浓度/（μg/m^3）	NO$_2$ 年均浓度/（μg/m^3）	PM$_{10}$ 年均浓度/（μg/m^3）	CO 日均值第 95 百分位数浓度/（mg/m^3）	O$_3$ 日最大 8 h 平均值第 90 百分位数浓度/（μg/m^3）	PM$_{2.5}$ 年均浓度/（μg/m^3）	达标情况
安徽	宣城市	11	34	63	1.2	137	44	超标
福建	福州市	7	26	48	0.9	151	25	达标
福建	厦门市	9	31	46	0.9	127	25	达标
福建	莆田市	9	20	44	0.8	156	27	达标
福建	三明市	13	26	42	1.7	124	26	达标
福建	泉州市	10	25	53	0.8	150	27	达标
福建	漳州市	8	30	60	1.0	155	33	达标
福建	南平市	9	17	35	1.0	128	24	达标
福建	龙岩市	10	24	46	1.0	129	26	达标
福建	宁德市	8	20	42	1.2	148	25	达标
江西	南昌市	11	36	64	1.5	144	30	达标
江西	景德镇市	13	16	56	1.1	135	31	达标
江西	萍乡市	19	26	71	2.2	140	43	超标
江西	九江市	13	29	68	1.2	152	43	超标
江西	新余市	21	29	70	1.6	137	39	超标
江西	鹰潭市	21	24	52	1.0	154	36	超标
江西	赣州市	18	25	63	2.0	153	39	超标
江西	吉安市	20	20	67	1.1	149	40	超标
江西	宜春市	18	24	65	1.6	139	40	超标
江西	抚州市	14	18	59	1.2	146	37	超标
江西	上饶市	23	23	65	1.3	142	36	超标
山东	济南市	18	47	111	1.7	212	53	超标
山东	青岛市	10	35	74	1.4	151	35	超标
山东	淄博市	27	43	105	2.3	202	57	超标
山东	枣庄市	20	35	117	1.4	195	59	超标
山东	东营市	21	36	97	1.5	202	48	超标
山东	烟台市	12	28	67	1.3	162	30	超标
山东	潍坊市	18	36	106	1.7	188	53	超标
山东	济宁市	20	38	101	1.8	194	50	超标
山东	泰安市	18	36	100	1.8	188	52	超标

省份	城市名称	SO$_2$年均浓度/（μg/m^3）	NO$_2$年均浓度/（μg/m^3）	PM$_{10}$年均浓度/（μg/m^3）	CO日均值第95百分位数浓度/（mg/m^3）	O$_3$日最大8h平均值第90百分位数浓度/（μg/m^3）	PM$_{2.5}$年均浓度/（μg/m^3）	达标情况
山东	威海市	8	19	50	1.0	162	27	超标
山东	日照市	11	35	80	1.4	162	42	超标
山东	莱芜市	21	42	111	1.9	197	61	超标
山东	临沂市	19	41	105	1.8	187	51	超标
山东	德州市	16	36	108	1.9	206	55	超标
山东	聊城市	16	40	115	1.8	212	60	超标
山东	滨州市	23	40	91	1.8	211	56	超标
山东	菏泽市	13	38	120	1.9	197	59	超标
河南	郑州市	15	50	106	1.8	194	63	超标
河南	开封市	17	36	105	1.9	187	64	超标
河南	洛阳市	19	43	104	2.1	190	59	超标
河南	平顶山市	18	38	101	1.7	182	65	超标
河南	安阳市	22	44	123	2.9	196	74	超标
河南	鹤壁市	19	44	109	2.5	199	55	超标
河南	新乡市	19	49	105	2.3	202	61	超标
河南	焦作市	18	41	116	2.6	200	67	超标
河南	濮阳市	16	36	102	1.9	195	63	超标
河南	许昌市	15	39	101	1.9	179	63	超标
河南	漯河市	13	35	104	1.6	175	61	超标
河南	三门峡市	15	39	100	1.8	171	57	超标
河南	南阳市	8	36	97	1.9	176	60	超标
河南	商丘市	10	34	103	1.6	182	62	超标
河南	信阳市	9	27	86	1.5	178	52	超标
河南	周口市	13	30	104	1.6	191	58	超标
河南	驻马店市	13	35	98	1.6	180	59	超标
湖北	武汉市	9	47	73	1.6	164	49	超标
湖北	黄石市	14	36	70	1.7	164	43	超标
湖北	十堰市	15	29	71	1.4	145	43	超标
湖北	宜昌市	11	34	77	1.6	143	53	超标
湖北	襄阳市	14	34	89	1.6	155	61	超标

省份	城市名称	SO$_2$年均浓度/（μg/m^3）	NO$_2$年均浓度/（μg/m^3）	PM$_{10}$年均浓度/（μg/m^3）	CO日均值第95百分位数浓度/（mg/m^3）	O$_3$日最大8h平均值第90百分位数浓度/（μg/m^3）	PM$_{2.5}$年均浓度/（μg/m^3）	达标情况
湖北	鄂州市	11	34	73	1.7	165	46	超标
湖北	荆门市	15	34	79	1.5	154	57	超标
湖北	孝感市	10	22	72	1.7	172	44	超标
湖北	荆州市	15	34	86	1.8	157	49	超标
湖北	黄冈市	9	24	74	1.4	175	42	超标
湖北	咸宁市	5	23	56	1.5	163	37	超标
湖北	随州市	7	24	73	1.5	156	45	超标
湖北	恩施州	7	24	60	1.5	96	38	超标
湖南	长沙市	10	34	61	1.3	161	48	超标
湖南	株洲市	18	33	71	1.4	148	45	超标
湖南	湘潭市	16	35	68	1.3	153	49	超标
湖南	衡阳市	16	30	66	1.6	130	43	超标
湖南	邵阳市	18	23	65	1.4	134	47	超标
湖南	岳阳市	10	23	72	1.4	155	45	超标
湖南	常德市	11	25	62	1.4	151	44	超标
湖南	张家界市	7	22	58	1.4	130	32	达标
湖南	益阳市	9	25	69	1.8	140	35	达标
湖南	郴州市	15	26	61	1.8	137	31	达标
湖南	永州市	11	25	69	1.1	138	48	超标
湖南	怀化市	9	19	74	1.5	130	35	超标
湖南	娄底市	11	22	66	2.3	143	34	达标
湖南	湘西州	4	19	59	1.2	104	35	达标
广东	广州市	10	50	54	1.2	174	35	超标
广东	韶关市	15	29	49	1.4	148	36	超标
广东	深圳市	7	29	44	0.9	137	26	达标
广东	珠海市	7	30	43	1.0	162	27	超标
广东	汕头市	12	19	44	1.0	152	27	达标
广东	佛山市	11	41	60	1.2	172	35	超标
广东	江门市	9	35	56	1.2	184	31	超标
广东	湛江市	9	14	39	0.9	150	27	达标

省份	城市名称	SO_2 年均浓度/ $(\mu g/m^3)$	NO_2 年均浓度/ $(\mu g/m^3)$	PM_{10} 年均浓度/ $(\mu g/m^3)$	CO 日均值第95百分位数浓度/ (mg/m^3)	O_3 日最大8h平均值第90百分位数浓度/ $(\mu g/m^3)$	$PM_{2.5}$ 年均浓度/ $(\mu g/m^3)$	达标情况
广东	茂名市	13	14	48	1.0	137	28	达标
广东	肇庆市	13	36	55	1.2	160	39	超标
广东	惠州市	9	24	47	1.0	149	28	达标
广东	梅州市	7	28	49	1.2	123	30	达标
广东	汕尾市	9	12	41	1.0	153	23	达标
广东	河源市	8	21	45	1.2	144	29	达标
广东	阳江市	9	20	44	1.2	149	31	达标
广东	清远市	12	38	57	1.4	152	39	超标
广东	东莞市	10	39	50	1.2	171	36	超标
广东	中山市	9	32	45	1.1	165	30	超标
广东	潮州市	13	17	48	1.2	166	29	超标
广东	揭阳市	12	24	56	1.3	159	35	达标
广东	云浮市	15	31	53	1.2	134	33	达标
广西	南宁市	11	35	57	1.3	128	34	达标
广西	柳州市	15	24	62	1.4	127	41	超标
广西	桂林市	12	23	55	1.3	136	38	超标
广西	梧州市	13	28	61	1.4	116	37	超标
广西	北海市	9	15	46	1.3	138	27	达标
广西	防城港市	11	19	47	1.3	126	30	达标
广西	钦州市	17	20	53	1.5	129	32	达标
广西	贵港市	12	23	63	1.2	141	40	超标
广西	玉林市	23	23	61	1.4	135	39	超标
广西	百色市	17	21	60	1.6	117	37	超标
广西	贺州市	14	18	57	1.2	128	38	超标
广西	河池市	8	22	59	1.4	106	31	达标
广西	来宾市	14	21	65	1.5	135	40	超标
广西	崇左市	9	19	52	1.2	129	31	达标
海南	海口市	5	14	35	0.8	116	18	达标
海南	三亚市	3	11	29	0.8	110	15	达标
重庆	重庆市	9	44	64	1.3	166	40	超标

省份	城市名称	SO_2 年均浓度/$(\mu g/m^3)$	NO_2 年均浓度/$(\mu g/m^3)$	PM_{10} 年均浓度/$(\mu g/m^3)$	CO 日均值第 95 百分位数浓度/(mg/m^3)	O_3 日最大 8 h 平均值第 90 百分位数浓度/$(\mu g/m^3)$	$PM_{2.5}$ 年均浓度/$(\mu g/m^3)$	达标情况
四川	成都市	9	48	81	1.4	167	51	超标
四川	自贡市	13	31	78	1.4	172	54	超标
四川	攀枝花市	40	39	64	2.5	140	36	超标
四川	泸州市	15	35	59	1.0	149	39	超标
四川	德阳市	8	32	77	1.2	155	42	超标
四川	绵阳市	6	31	72	1.1	152	45	超标
四川	广元市	20	34	56	1.3	126	27	达标
四川	遂宁市	10	29	60	1.1	147	36	超标
四川	内江市	10	26	58	1.2	152	38	超标
四川	乐山市	8	33	70	1.2	129	47	超标
四川	南充市	9	33	73	1.2	151	48	超标
四川	眉山市	11	38	67	1.2	169	39	超标
四川	宜宾市	16	36	75	1.4	159	52	超标
四川	广安市	9	28	70	1.3	144	41	超标
四川	达州市	10	40	75	1.9	143	47	超标
四川	雅安市	15	21	56	1.1	124	41	超标
四川	巴中市	4	26	57	1.2	116	33	达标
四川	资阳市	8	27	70	1.0	158	36	超标
四川	阿坝州	8	9	27	0.8	119	15	达标
四川	甘孜州	10	16	31	0.7	126	20	达标
四川	凉山州	16	21	38	1.2	137	24	达标
贵州	贵阳市	11	25	57	1.0	118	32	达标
贵州	六盘水市	19	24	59	1.2	110	35	达标
贵州	遵义市	12	26	47	1.1	123	28	达标
贵州	安顺市	18	15	47	1.0	124	33	达标
贵州	铜仁市	6	19	62	1.6	115	23	达标
贵州	黔西南州	6	16	36	1.3	110	16	达标
贵州	毕节市	12	20	58	1.3	130	34	达标
贵州	黔东南州	14	22	43	1.1	116	29	达标
贵州	黔南州	20	15	37	1.0	117	23	达标

省份	城市名称	SO$_2$年均浓度/（μg/m^3）	NO$_2$年均浓度/（μg/m^3）	PM$_{10}$年均浓度/（μg/m^3）	CO日均值第95百分位数浓度/（mg/m^3）	O$_3$日最大8 h平均值第90百分位数浓度/（μg/m^3）	PM$_{2.5}$年均浓度/（μg/m^3）	达标情况
云南	昆明市	13	34	55	1.2	130	30	达标
云南	曲靖市	14	19	53	1.4	128	30	达标
云南	玉溪市	12	22	55	2.2	128	26	达标
云南	保山市	7	12	43	0.8	132	23	达标
云南	昭通市	16	19	50	1.2	126	23	达标
云南	丽江市	11	13	39	1.0	114	17	达标
云南	普洱市	6	18	38	0.8	134	19	达标
云南	临沧市	11	16	47	1.2	128	29	达标
云南	楚雄州	16	20	43	1.0	121	26	达标
云南	红河州	14	10	41	0.9	135	27	达标
云南	文山州	6	15	45	1.0	116	27	达标
云南	西双版纳州	7	18	48	1.0	119	25	达标
云南	大理州	5	16	38	0.9	128	17	达标
云南	德宏州	15	23	55	1.1	134	35	达标
云南	怒江州	11	18	59	1.2	106	26	达标
云南	迪庆州	11	10	33	0.9	117	14	达标
西藏	拉萨市	7	21	55	0.9	136	20	达标
西藏	昌都市	5	17	51	1.6	127	19	达标
西藏	山南市	5	11	32	0.8	144	12	达标
西藏	日喀则市	7	8	46	1.2	130	18	达标
西藏	那曲地区	4	7	73	1.5	94	36	超标
西藏	阿里地区	11	14	38	0.9	131	16	达标
西藏	林芝市	4	7	21	0.6	128	10	达标
陕西	西安市	15	55	111	2.2	180	61	超标
陕西	铜川市	21	37	89	2.0	168	49	超标
陕西	宝鸡市	10	41	96	1.5	150	52	超标
陕西	咸阳市	16	50	121	2.1	198	69	超标
陕西	渭南市	13	51	120	1.9	170	59	超标
陕西	延安市	26	46	84	2.6	144	36	超标
陕西	汉中市	11	29	79	2.1	137	49	超标

省份	城市名称	SO_2年均浓度/$(\mu g/m^3)$	NO_2年均浓度/$(\mu g/m^3)$	PM_{10}年均浓度/$(\mu g/m^3)$	CO日均值第95百分位数浓度/(mg/m^3)	O_3日最大8h平均值第90百分位数浓度/$(\mu g/m^3)$	$PM_{2.5}$年均浓度/$(\mu g/m^3)$	达标情况
陕西	榆林市	20	42	78	2.2	164	35	超标
陕西	安康市	14	24	67	1.5	138	39	超标
陕西	商洛市	15	28	65	1.1	137	35	达标
甘肃	兰州市	21	55	103	2.7	168	47	超标
甘肃	嘉峪关市	14	26	79	1.0	140	23	超标
甘肃	金昌市	21	16	76	0.9	146	22	超标
甘肃	白银市	46	26	82	1.6	133	34	超标
甘肃	天水市	17	34	79	1.6	134	40	超标
甘肃	武威市	8	26	80	1.6	143	36	超标
甘肃	张掖市	10	18	66	1.0	143	32	达标
甘肃	平凉市	11	35	75	1.0	138	37	超标
甘肃	酒泉市	13	25	89	1.1	142	28	超标
甘肃	庆阳市	14	19	69	1.2	135	32	达标
甘肃	定西市	17	27	81	1.4	134	40	超标
甘肃	陇南市	17	25	58	1.7	122	34	达标
甘肃	临夏州	23	21	81	2.4	136	46	超标
甘肃	甘南州	14	23	63	1.5	136	32	达标
青海	西宁市	20	39	91	2.8	138	46	超标
青海	海东市	17	39	85	1.6	152	45	超标
青海	海北州	16	16	49	1.0	143	25	达标
青海	黄南州	17	13	60	1.5	117	30	达标
青海	海南州	9	20	51	1.3	121	25	达标
青海	果洛州	23	16	47	1.2	142	24	达标
青海	玉树州	15	15	49	1.1	118	18	达标
青海	海西州	17	13	45	1.1	126	20	达标
宁夏	银川市	27	37	87	2.1	166	38	超标
宁夏	石嘴山市	41	32	89	1.7	157	39	超标
宁夏	吴忠市	17	24	82	1.2	147	34	超标
宁夏	固原市	9	26	75	1.3	140	31	超标
宁夏	中卫市	17	25	75	1.2	144	33	超标

省份	城市名称	SO$_2$年均浓度/($\mu g/m^3$)	NO$_2$年均浓度/($\mu g/m^3$)	PM$_{10}$年均浓度/($\mu g/m^3$)	CO日均值第95百分位数浓度/(mg/m^3)	O$_3$日最大8 h平均值第90百分位数浓度/($\mu g/m^3$)	PM$_{2.5}$年均浓度/($\mu g/m^3$)	达标情况
新疆	乌鲁木齐市	11	45	98	3.0	134	54	超标
新疆	克拉玛依市	7	21	60	1.5	129	28	达标
新疆	吐鲁番市	11	35	119	3.1	76	45	超标
新疆	哈密市	9	31	67	2.4	138	27	达标
新疆	昌吉州	15	44	105	2.8	134	61	超标
新疆	博州	15	20	66	2.2	114	31	达标
新疆	巴州	7	21	108	1.7	117	34	超标
新疆	阿克苏地区	8	30	137	2.2	139	53	超标
新疆	克州	4	11	126	1.4	154	35	超标
新疆	喀什地区	9	32	190	3.4	152	71	超标
新疆	和田地区	21	27	175	3.2	110	60	超标
新疆	伊犁州	21	34	79	4.9	130	50	超标
新疆	塔城地区	4	15	35	2.0	134	12	达标
新疆	阿勒泰地区	9	15	18	1.4	124	9	达标
新疆	石河子市	12	35	94	2.6	136	60	超标
新疆	五家渠市	14	35	115	3.5	138	67	超标

注：各城市PM$_{2.5}$和PM$_{10}$年均浓度均已扣除沙尘天气影响。